未讀 UnRead ｜ 生活家

未读之书，未经之旅

# 手作铁丝小花园

## 小而美的多肉微盆栽

[日] 奥田由味子 著
沙子芳 译

北京联合出版公司
Beijing United Publishing Co.,Ltd.

# 前言

从小我就很喜爱植物，不知从何时起，花花草草成为我生活中不可缺少的一部分。

长在屋中一隅、阳台或小花园中的植物，
总是可以让我放松心情，给我鼓励。
某一天，我用铁丝做了一个盛装气生植物的篮子，
想不到质感粗糙的铁丝，竟将植物衬托得出奇地美，
从那时起，我便迷上了铁丝工艺。

小花园的空间虽小，却能让人的心灵感到恬适与平静，
众多铁丝小物件也可以使花园变得更加雅致亮眼。
我以铁丝工艺为起点，从此完全沉迷于室内小花园的魅力中。
尽管没有大片土地和各式花草，但是凭借着小小的生命与物品，
仍旧可以打造出充满故事的小花园。

若您能够以本书为契机，更好地享受拥有植物的生活，我将备感荣幸。

奥田由味子

# 目录

## 铁丝和花园的做法 41

# 开始制作前必须知道的事

小花园空间虽小，却能抚慰、舒缓心情。在动手打造属于自己的小花园之前，我先介绍植物的种类、栽种方法、花园布置的重点，以及制作铁丝小物的准备工作，等等。

## 植物

对于打造小花园使用的多肉植物和气生植物来说，只要掌握栽种的诀窍，都是不须费工夫浇水也能自然生长的。它们是最适合新手们轻松享受莳草之乐的植物，尤其是对于无法每天照顾植物，或从未养过植物的人来说。若你能感受到身边拥有植物的乐趣与喜悦，就证明你已经踏出园艺的第一步了。

### 一、多肉植物

以肥厚的叶片与粗茎储藏水分，极度耐干的多肉植物，适合栽种在小花器中。这类植物品种繁多，如图所示，我依叶片的大小、色调，大致区分为几大类型，供各位参考。

**●和铁丝组合的重点**

1. 与小鸟或蜜蜂等造型的铁丝组合时，为了呈现规模感，应该选择大叶形的植物来配合。
2. 和椅子造型的铁丝组合时，为了呈现规模感，选用细小叶形的植物比较合适。
3. 和较高的花器组合时，为呈现花园的扩展感，选择垂悬叶形的植物更为合适。
4. 组合植物的叶子如果色调相同的话，比较容易有整体感。

大叶形

**●多肉植物的浇水与管理**

1. 多肉植物 7~10 天浇一次水，为了避免盆底积水，请用喷雾器喷湿植物即可。
2. 这类植物喜好日照，若是放在没有日照的地方，每周至少要将它们移至日照良好处 2~3 次。
3. 请时常剪去长大的叶子，将植物全株重新修整成小叶。

细小叶形

垂悬叶形

## 二、气生植物

这类植物只靠空气中的水分就能生长，完全不必种在泥土中。将它们放在铁丝制的容器中或置于墙面，可以产生有趣而多彩多姿的装饰效果。

**●气生植物的浇水和管理**

虽然光靠空气中的水分就能生长，但因室内的湿度不一，所以每周还是需要用喷雾器喷洒 1~2 次。如果植物因为太干燥而变软，只要浸泡在水中一个晚上，就能恢复生气。喷水在植物气孔张开的晚上进行。植物应当被放置在明亮且通风的地方。

## 三、花卉、果实、枝干等

只要在小型花器中插入一朵小花、阳台的香药草或路旁的野花等等，就可以拥有如在室内打造花园般的心情……

## 盆罐、花器

“盆罐小花园”是指在不需底盘的空罐或插花用花器中栽种植物的花园。可以利用白铁制花器、陶制平盘或花盆、瓶盖，或甜点、红茶等食物的空罐等，作为小花园所需的花器。因为是放在室内，容器底部不必钻孔。

“花器小花园”指将试管固定在画布或背板上，装饰上气生植物或采摘的野草等等做成的墙面上的花园。“背板型花器”是指将铁丝弯成花瓶外形固定在上漆的板子上做成的花器。

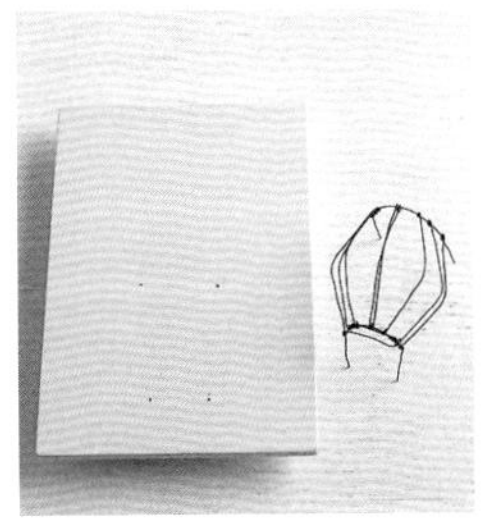

背板和铁丝

# 铁丝

本书中使用的铁丝并非工艺用铁丝，而是被称为“U 形结束线”的工程用铁丝，主要用来绑扎钢筋，是表面未经加工的铁制品。这种铁丝细且坚硬，能弯折出细致的线条，其粗糙的质感和植物非常搭调，能营造出成熟、优雅的氛围。

编注：若买不到“U 形结束线”，也可以用工艺用铁丝或铝线来代替。

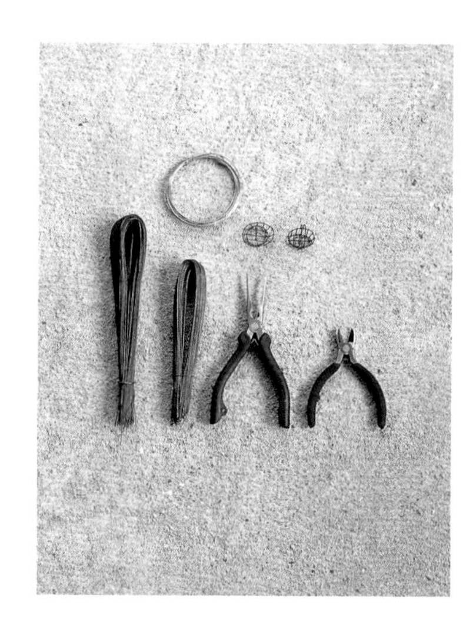

铁丝工艺必备的工具只要一把前端尖细的尖嘴钳就够了，不过要剪断细部时，虽然也可用尖嘴钳根部的刀刃来剪，但是如果用斜口钳来剪会更方便。

1. 铁丝（45cm）
2. 铁丝（35cm）
3. 黄铜丝
4. 尖嘴钳
5. 斜口钳

“U 形结束线”铁丝因为表面未经加工，遇到水汽就会生锈，空气的湿度也会让它的外观慢慢产生变化，但只要事先涂刷防锈剂或者擦拭掉锈斑就可以了。不过，我觉得锈斑的变化也是手作花园的趣味之一。

# 盆罐小花园

# 小花园

a

做法：花园 a-r ＞43 页｜铁锹 ＞56 页 

# 小花园

椅子 h

s


做法：花园 s ＞43 页 | 椅子 h ＞67 页

做法：花园 t-v ＞43 页

# 嗡嗡嗡

蜜蜂


做法：花园 ＞44 页 | 蜜蜂 ＞50 页

# 蜗牛的花园

蜗牛

a

b

做法：花园 a、b ＞44 页 | 蜗牛 ＞51 页

# 啾啾啾

 做法：花园 ＞44 页 | 小鸟 a ＞48 页 | 椅子 d ＞64 页

做法：花园 >44 页 | 小鸟 a >48 页 

# 花园的椅子

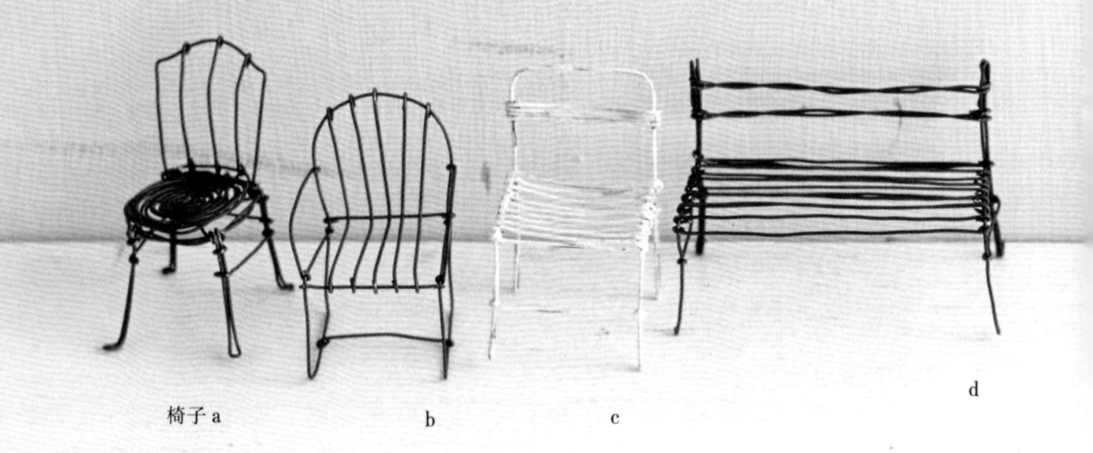

椅子 a　　b　　c　　d



椅子的做法：a ＞61 页 | b ＞62 页 | c ＞63 页 | d ＞64 页

椅子的做法：e ＞65 页 | f ＞63 页 | g ＞66 页 | h ＞67 页

# 两个白色花园

 做法：花园 ＞44 页 | 椅子 c ＞63 页

做法：花园 ＞45 页 | 椅子 g ＞66 页 | 浇花壶 ＞53 页 | 园艺小铲 ＞56 页

# 花盆排排站

小青蛙

a

b



做法：花盆架 a、b ＞69 页 | 小青蛙 ＞50 页

做法：小鸟 b ＞49 页

# 白椅子花园

椅子 c



做法：花园 ＞45 页｜椅子 c ＞63 页

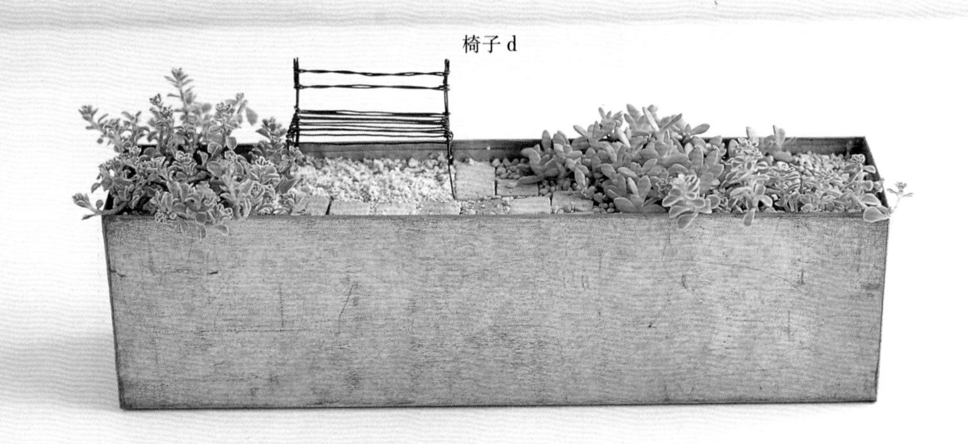


做法：花园 ＞45 页 | 椅子 d ＞64 页

# 花园小用具和居民们

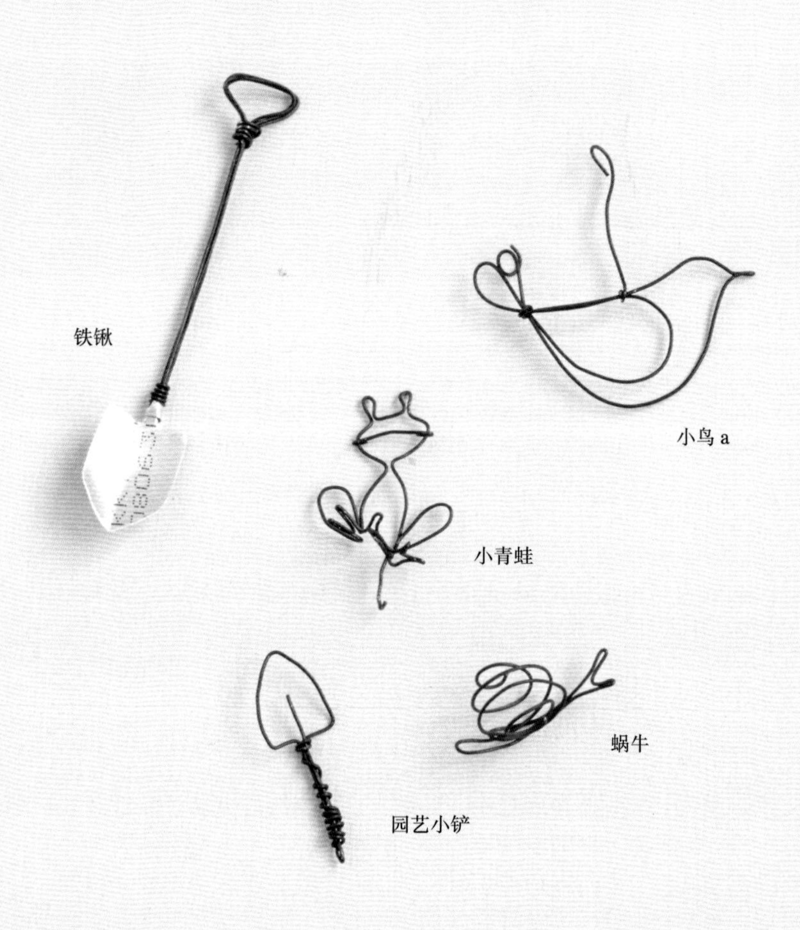


 做法：小鸟 a ＞48 页｜小青蛙 ＞50 页｜蜗牛 ＞51 页｜园艺小铲 ＞56 页

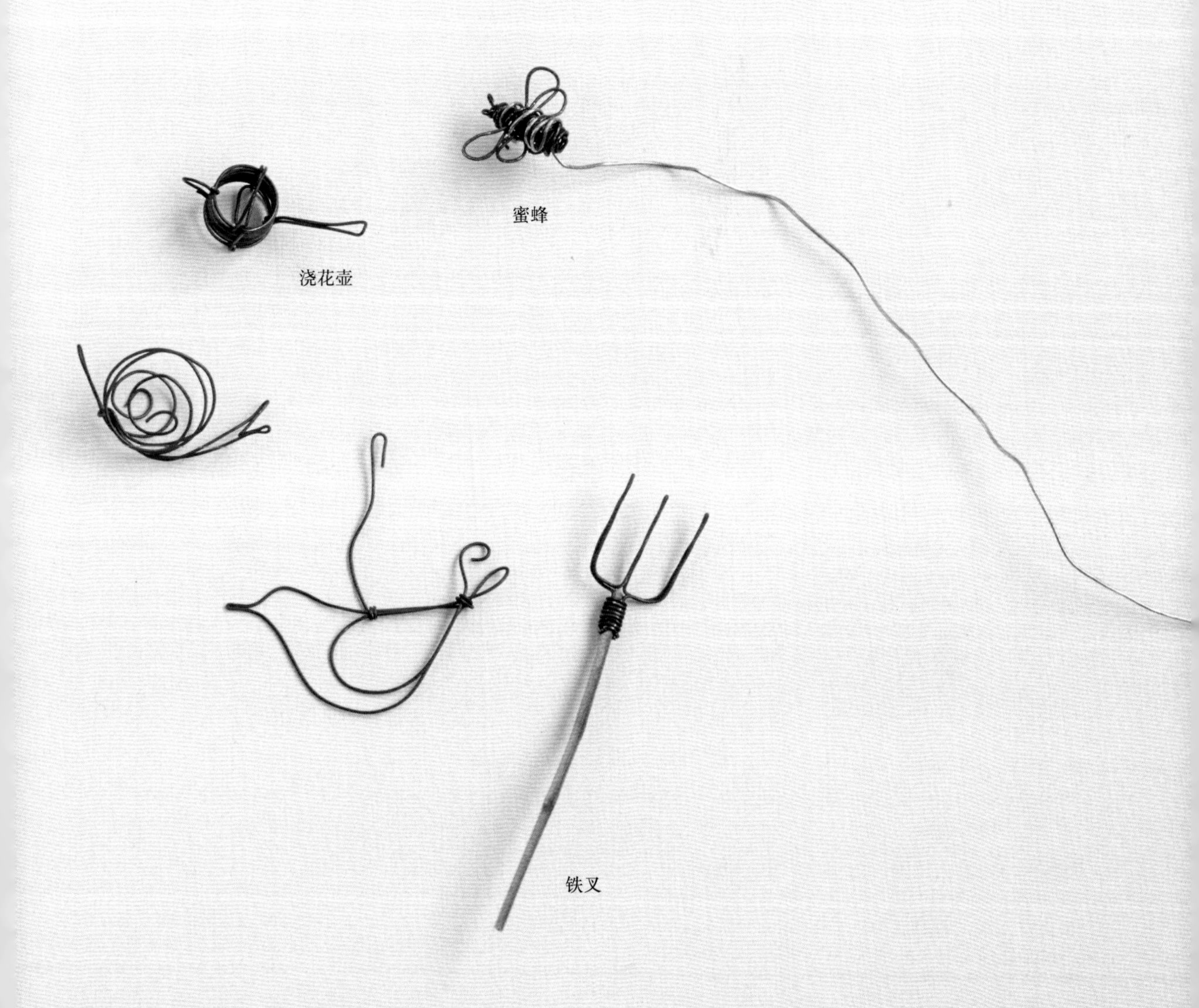


做法：蜜蜂 > 50 页 | 浇花壶 > 53 页 | 铁叉 > 56 页

# 鸟笼

小鸟 b

鸟笼 a

小鸟 c

鸟笼 b



做法：鸟笼 a ＞57 页 | 小鸟 b ＞49 页 | 鸟笼 b ＞58 页 | 小鸟 c ＞49 页

小鸟 a

鸟笼 c

做法：鸟笼 c ＞59 页 | 小鸟 a ＞48 页

# 花园工作结束

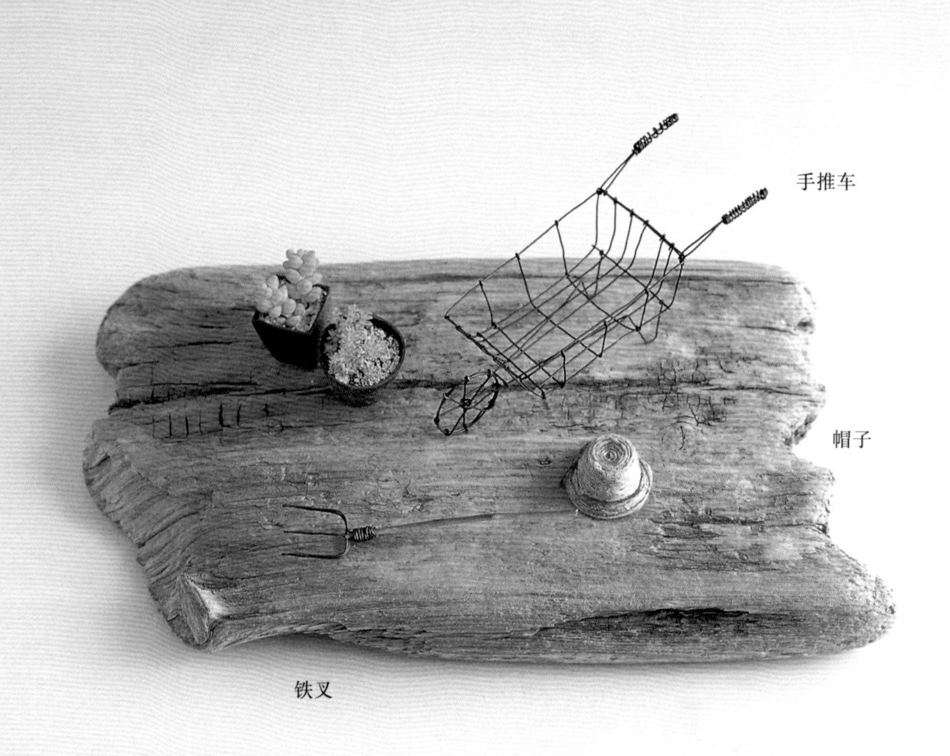




做法：花园 ＞45 页 | 手推车 ＞54 页 | 帽子 ＞55 页 | 铁叉 ＞56 页

# 花器小花园

# 单花花架

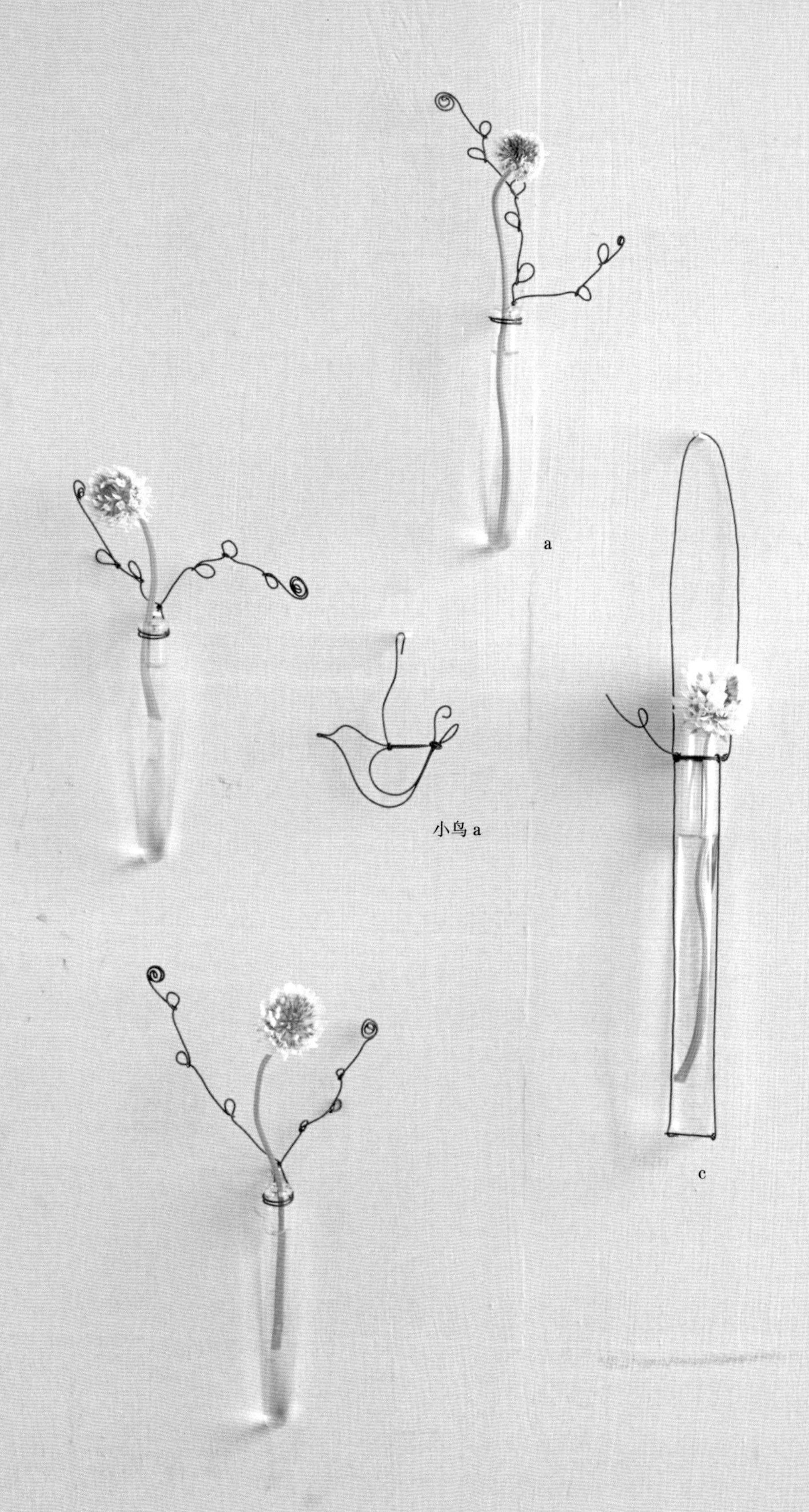

a

小鸟 a

c

 做法：花架 a ＞71 页 | 花架 c ＞71 页 | 小鸟 a ＞48 页

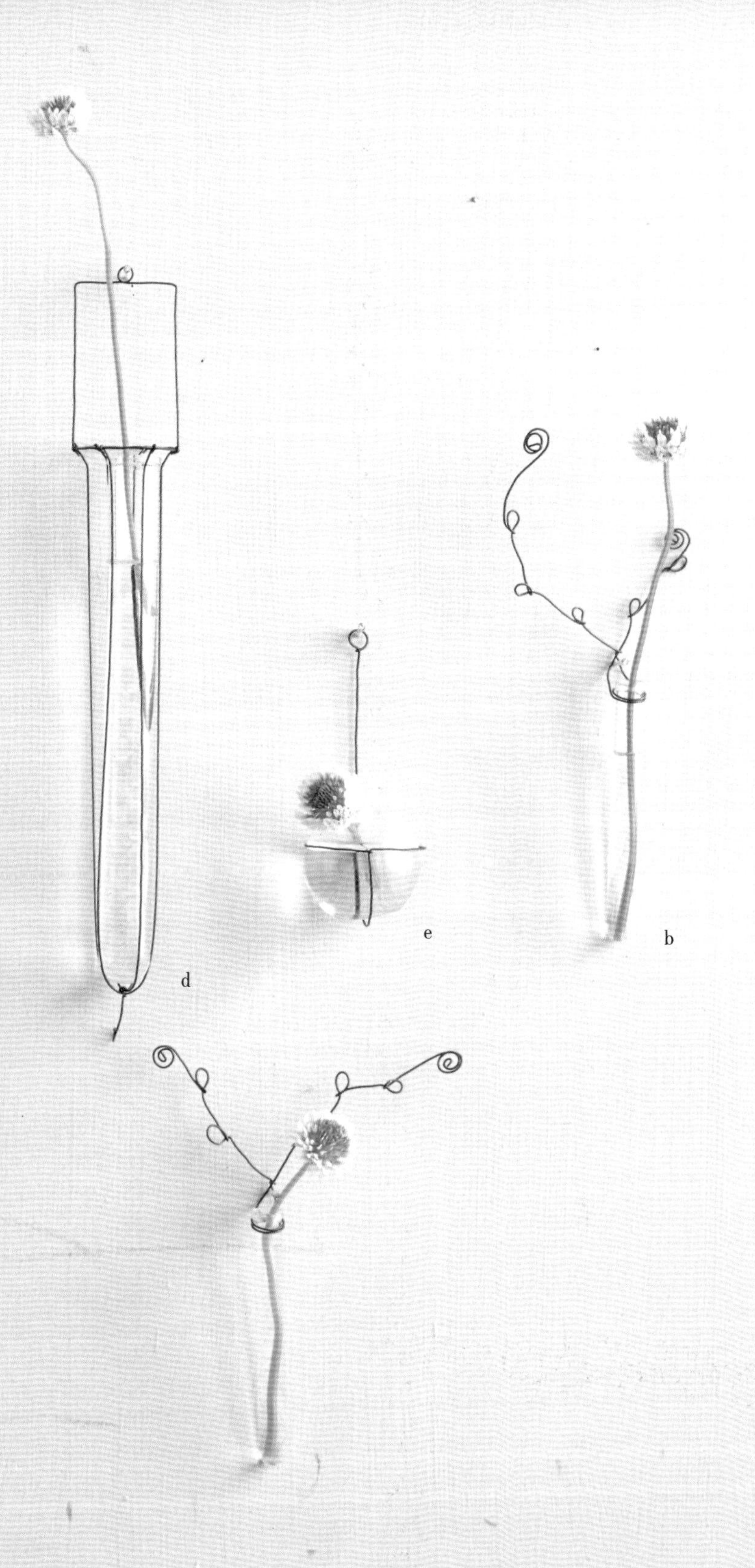


做法：花架 b ＞71 页 | 花架 d ＞72 页 | 花架 e ＞73 页

# 立方体花器

做法：花器 ＞68 页

# 画布型花器

做法：花器 > 70 页 

# 背板型花器

a b c d e f g


做法：花器 a-g ＞74 页

做法：花器h ＞75页 | 花器i、j ＞76页

# 背板型花器

k



做法：花器 k ＞77 页

l

m

做法：花器 l > 78 页 | 花器 m > 79 页

# 背板型花器

n

 做法：花器 n ＞79 页

# 铁丝和花园
# 的做法

开始动手制作前，请务必先阅读“造园的技巧”和“铁丝的技巧”这两个单元。

## 造园的技巧

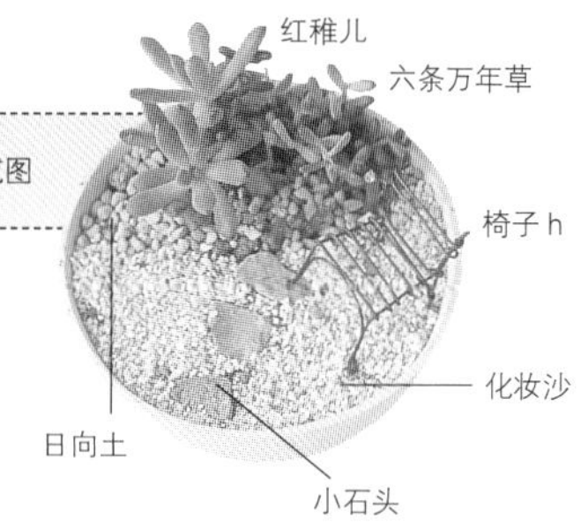


在直径约 10cm 的小圆盘中种入购得的小苗，就能表现出小花园的景致。配上小树枝或小石头，加入其他花园常见的景物，并保留一定的空间等，都是制作时的重点。此外，即使盆中只种一种小植物，放上铁丝小物作为装饰后，也能呈现出故事性。

### 栽种植物的泥土及造园的重点材料

可以在小容器中排入小石头当作花园小径，水塘则可以用玻璃珠来表现。大家可以就地取材，在自己身边寻找适合表现花园风貌的材料。

**【栽种植物用泥土】**

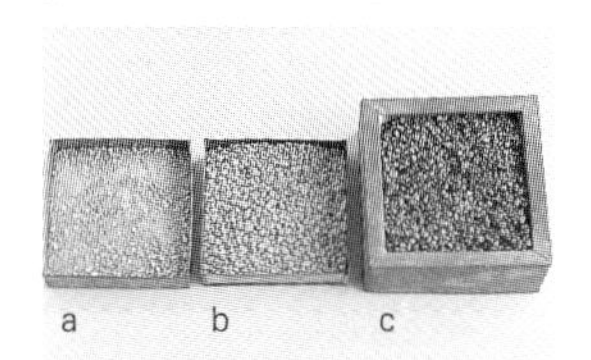


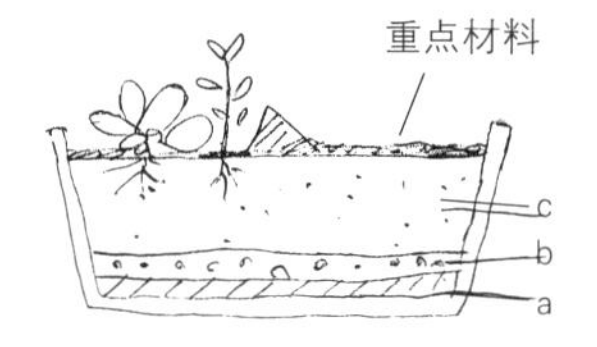


a 根部防腐剂、b 日向土、c 多肉植物用培养土

**【造园的重点材料】**

### 小花园的做法

1

因为用的是底部无孔隙的盆器，所以要在底层铺上根部防腐剂。

2

铺上日向土（小粒）。

3

从盆中拔出小苗，仔细分株。抖落泥土，轻轻分开根部，可稍微修剪过长的根。

4

一边观察整体的平衡感，一边栽入小苗，倒入培养土。用土压住根部，让小苗稳固竖立。

5

小石头平坦的一面朝上放入容器中，摆放成踏脚石的样子。

6

在苗株的根部铺入步骤 2 用的日向土。

7

避开苗株根部，在泥土表面其他地方铺入已浇水变硬的化妆沙。

8

插上小树枝作为篱笆。

9

用笔刷扫掉小石头上的沙石，整平表面。

10

稍微修剪掉太高的苗，再配上椅子，小花园就完成了。一周后再浇水。

## 本书中使用的多肉植物、铁丝和装饰土等

1. 植物　2. 容器　3. 装饰小物（装饰土、玻璃、小树枝）　4. 铁丝小物

**●小花园 a–r**（第 11 页）＊仅本页的植物是以红玉土（小粒）栽种

1. a. 森村万年草／ b. 姬白磷／ c. 团扇仙人掌／ d. 反曲景天／ e. 虹之玉锦／ f. 新玉缀、高加索景天／ g. 艳酢浆草／ h. 虹之玉／ i. 团扇仙人掌／ j. 乙女心／ k. 六条万年草／ l. 姬白磷／ m. 黄金万年草／ n. 虹之玉／ o. 新玉缀／ p. 虹之玉／ q. 白毛掌／ r. 新玉缀
2. 瓶盖或铝盖　3. 化妆沙　4. 铁锹（第 56 页）

**●小花园 s**（第 12 页）

1. 子持莲华（白蔓莲）
2. 空罐
3. 日向土
4. 椅子 h（第 67 页）

**●小花园 t**（第 13 页）

1. 仙人之舞、筒叶花月、六条万年草
2. 生锈红茶罐
3. 日向土、化妆沙

**●小花园 u**（第 13 页）

1. 金色地毯
2. 红茶罐盖
3. 化妆沙

**●小花园 v**（第 13 页）

1. 乙女心、反曲景天
2. 空罐盖
3. 日向土、化妆沙、树枝

【为空罐上色时】

用锉刀将罐身表面稍微打磨，涂上单色（白）的水性涂料后充分晾干，也可以用保鲜膜沾上其他颜色的涂料轻轻拍打上色，或用卫生纸涂擦上色，形成斑驳的效果。

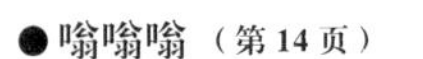

**● 嗡嗡嗡**（第 14 页）

1. 凝脂莲、黛比
2. 用卫生纸在番茄酱罐上涂上灰色
3. 日向土
4. 蜜蜂（第 50 页）

**● 蜗牛的花园 a**（第 15 页）

1. 珍珠吊兰
2. 用卫生纸在糖果罐上涂上灰色
3. 日向土
4. 蜗牛（第 51 页）

**● 蜗牛的花园 b**（第 15 页）

1. 花司、小玉
2. 用卫生纸在沙丁鱼罐上涂上灰色
3. 化妆沙石、玻璃珠、小石头

**● 啾啾啾**（第 16 页）

1. 若绿、滇黑爪莲
2. 用保鲜膜在红茶罐上涂上灰色
3. 化妆沙石、小树枝
4. 小鸟 a（第 48 页）、椅子 d（第 64 页）

**● 小鸟来了**（第 17 页）

1. 凝脂莲、秋丽、反曲景天
2. 用卫生纸在糖果罐上涂上灰色
3. 日向土、树枝
4. 小鸟 a（第 48 页）

**● 两个白色花园 a**（第 20 页）

1. 青荚叶、吊灯花
2. 方盆
3. 化妆沙

**● 两个白色花园 b**（第 20 页）

1. 新玉缀、珍珠吊兰锦
2. 圆盆
3. 化妆沙
4. 椅子 c（第 63 页）

● **造园的余暇 a**
（第 21 页）

1. 春萌、虹之玉锦、六条万年草
2. 平盘
3. 日向土、化妆沙、陶片
4. 椅子 g（第 66 页）

● **造园的余暇 b**
（第 21 页）

1. 姬白磷、花司
2. 平盘
3. 日向土、小树枝

● **造园的余暇 c**
（第 21 页）

1. 圆叶景天、黄金万年草
2. 平盘
3. 日向土、化妆沙、小石头

● **造园的余暇 d**
（第 21 页）

1. 反曲景天
2. 平盘
3. 日向土

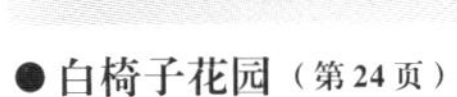

● **白椅子花园**（第 24 页）

1. 姬白磷
2. 白铁花器
3. 化妆沙
4. 椅子 c（第 63 页）

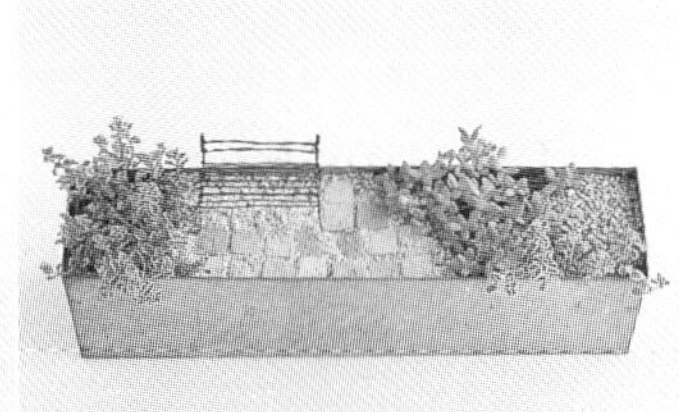

● **长椅花园**（第 25 页）

1. 番杏露子花、高加索景天
2. 白铁花器
3. 日向土、化妆沙、瓦片
4. 椅子 d（第 64 页）

● **花园工作结束**
（第 30 页）

1. 新玉缀、森村万年草
2. 花盆
3. 化妆沙、漂流木
4. 手推车（第 54 页）、帽子（第 55 页）、铁叉（第 56 页）

# 铁丝的技巧

铁丝小物虽然微小，但在表现微型花园的景致上，却能发挥相当大的作用。只要饰以铁丝小物，这些花园便能展现出不同的氛围。这里将介绍铁丝的基本技巧，制作之前请务必多加练习。

- 本书使用 45cm 长的“U 形结束线”铁丝。
- 准备铁丝：“U 形结束线”买回来是对折的状态，请先弄直再使用（少部分作品是直接使用）。
- 请根据标示的铁丝根数，多准备一些，每个部位都要使用新的铁丝。
- 由于这种铁丝表面未经加工，作业过程中为了避免弄脏手，请先用布擦拭掉污垢后再进行作业。
- 学会“U 形弯钩”和“U 形固定”后，就能做出外形美观的作品。刚开始作品外形可能不太理想，不过多做几次之后，作品就会越来越完美。
- 图案中的数字单位是 cm。
- 做法中有标示 cm 的作品，请依尺寸制作；未标记尺寸的作品，则请配合花园主体的尺寸来制作。
- 做法插图标示：“・”是铁丝的起点，“×”是铁丝的终点。

编注：若买不到“U 形结束线”，可以用工艺用铁丝或铝线来代替，只须在制作前将铁丝剪成数根 45cm 长的小段即可。

## 基本技巧

### ●U 形弯钩

用尖嘴钳夹住铁丝前端 0.3cm 处弯成 U 形：用尖嘴钳前端将弯曲的部分用力往侧面弯折，用另一只手的拇指腹抵住尖嘴钳前端，将铁丝弯成小 U 形。

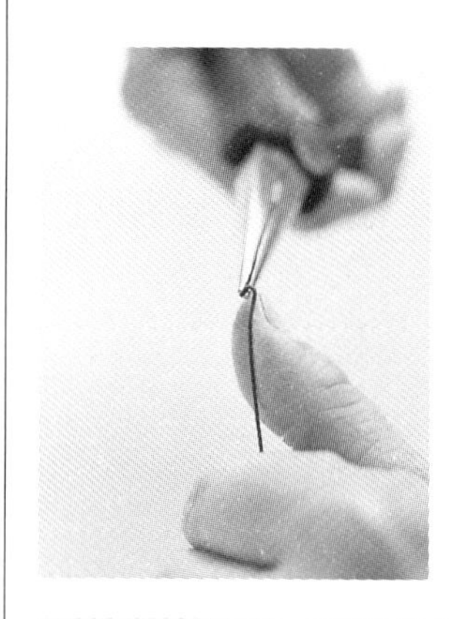

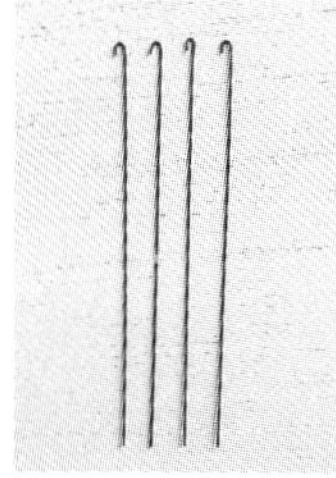

同样的配件一次弯折好备妥，能避免尺寸上产生误差（椅子座面等）。

0.3

### ●U 形固定

将前端弯成小 U 形的铁丝挂在另一根铁丝上，用尖嘴钳将弯钩夹合固定：先用尖嘴钳从上方夹住 U 形的部分，再变换尖嘴钳的方向，将铁丝前端用力夹合。

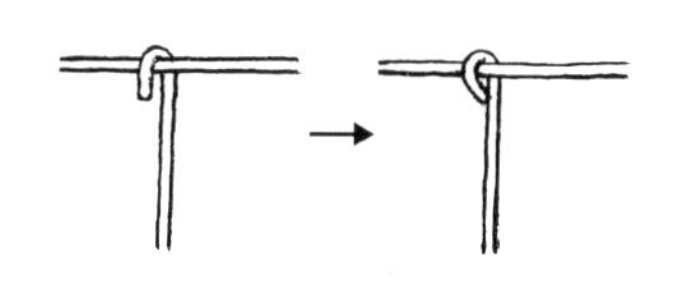

在 1 根铁丝上做 U 形固定

在 0.3cm 处做 U 形弯钩

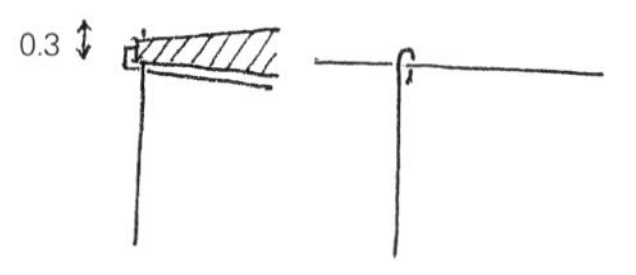


在 2 根铁丝上做 U 形固定

在 0.4cm 处做 U 形弯钩

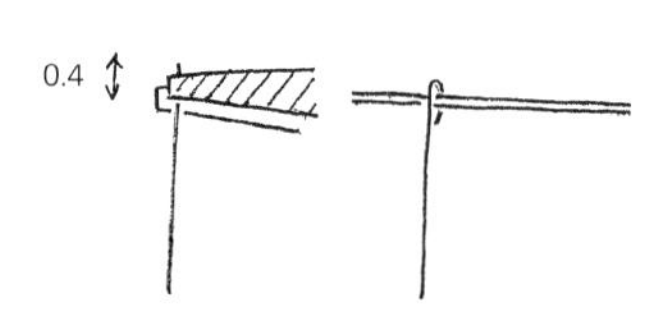

## 重点技巧

### ●缠绑固定

将铁丝在另一条铁丝上弯折两次后，用尖嘴钳夹合。请勿一口气缠绕上去，而是要用尖嘴钳调整铁丝的角度和方向来缠紧，让卷绕的铁丝之间没有缝隙（椅子、鸟笼底部等）。

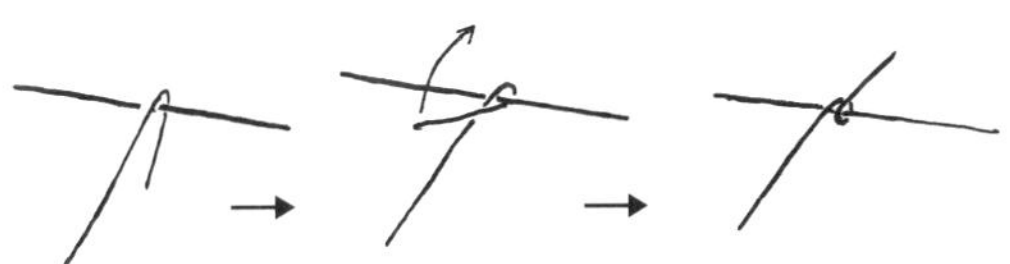

### ●对折

下图左边是将铁丝对折后用尖嘴钳夹合（鸟嘴、椅脚尖等）；右边是在用尖嘴钳夹合铁丝时，前端如发夹般稍微保留一个圈环（小青蛙的眼睛和脚、蜗牛的触角等）。

### ●扭麻花

铁丝对折后，两手分别握住尾端和圈环，一边旋转圈环端，一边将铁丝拧转在一起（椅背、座面或背板花器的口部等）。

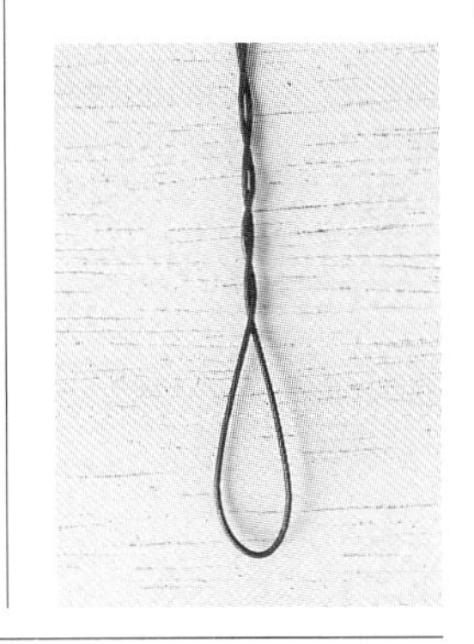

### ●扭转圈环

先将铁丝弯出圈环后扭转，再让两个黑点处贴合靠近，最后用尖嘴钳稍微夹扁圈环（单花花架或画布花器的叶片等）。

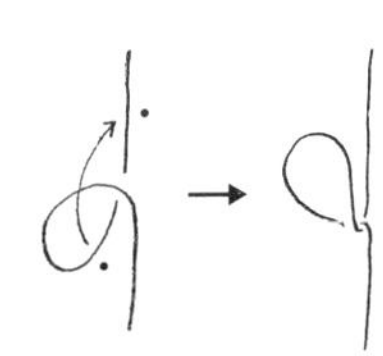

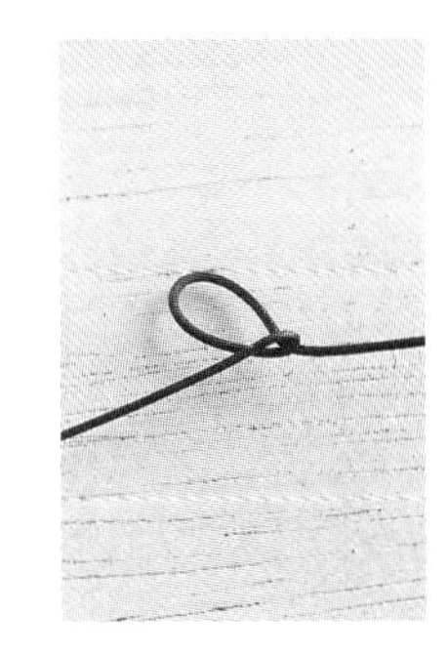

● 弯直角时，以尖嘴钳前端夹住欲折弯处往侧面扭，另一只手的拇指腹抵住尖嘴钳前端，将铁丝弯折出直角。

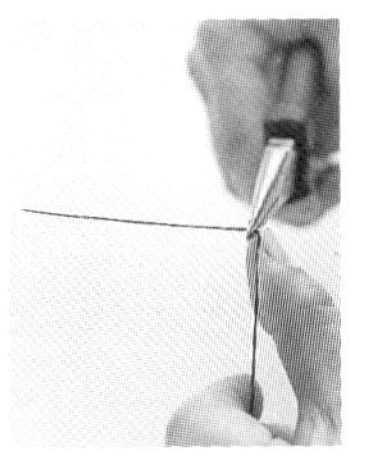

● 椅子（少数除外）必须先制作轮廓，以固定外形。

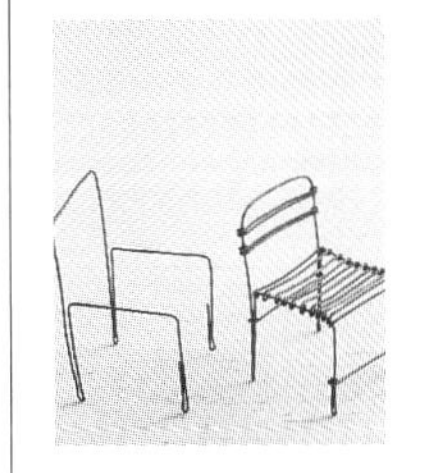

● 要把铁丝绕成弹簧状时，可以用马克笔、竹签或牙签作为轴心，将铁丝缠绕上去来塑形（喷壶、剪刀的握柄等）。

※ 请注意，若卷得太紧会无法取下铁丝。

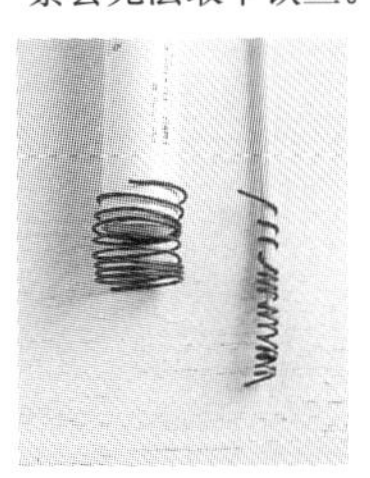

● 圈环的两端做U形弯钩，相互钩住后用尖嘴钳将弯钩夹合固定。

● 由于铁丝很硬，若要绕成螺旋圈，可以先缠在瓶子等圆柱体上塑形，再配合所需要的尺寸加以扩大或缩小（鸟笼、花盆盛器等）。

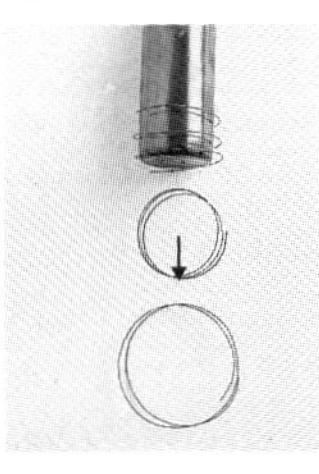

● 要把铁丝弯成旋涡状时，可以用尖嘴钳夹住旋涡中心固定不动，另一只手捏着铁丝另一端旋转，如此就可弯出旋涡（蜗牛壳、单花花架的叶尖等）的形状。

※ 请注意用力不要过大，才能弯出漂亮的旋涡形状。

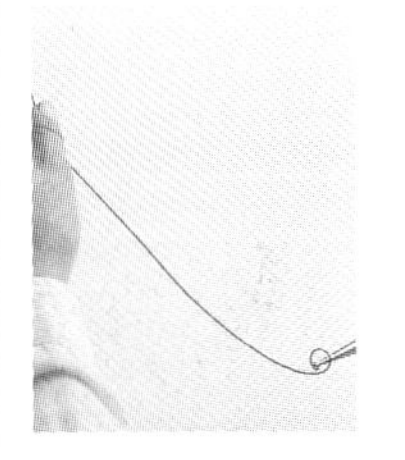

● 以圈环一头长 1.5cm 的铁丝缠绑固定。

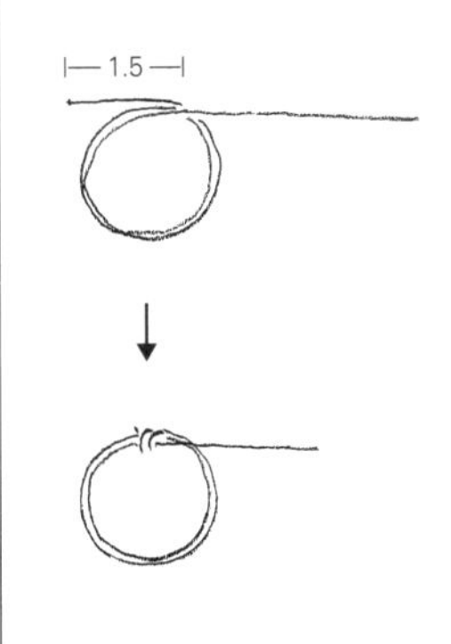

## 小鸟 a （第 16、17、26、29、32 页）

材料／铁丝 2 根

1 铁丝如图所示在 1/3 长度的地方对折，用尖嘴钳将弯折处夹合做成鸟喙。

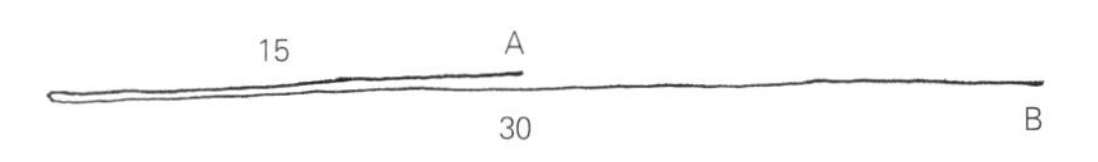


2 用指腹弯曲 A 段，塑出头部和背部的轮廓。

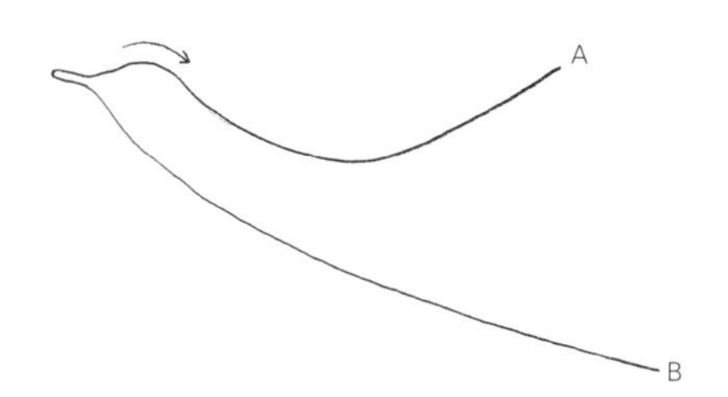


3 把 B 段弯出腹部的圆弧外形，再继续如画 8 字形般弯折铁丝，塑出鸟尾到翅膀的轮廓。

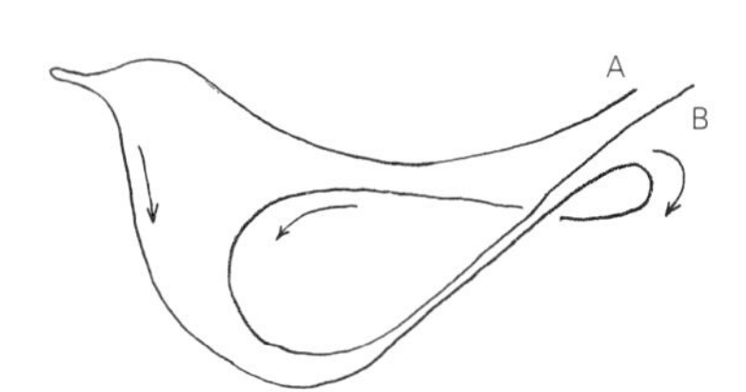


4 用 A 缠绑固定鸟尾根部，剪掉多余的铁丝。B 保留 2~2.5cm 后剪断，并弯折末端，做出尾巴的造型。

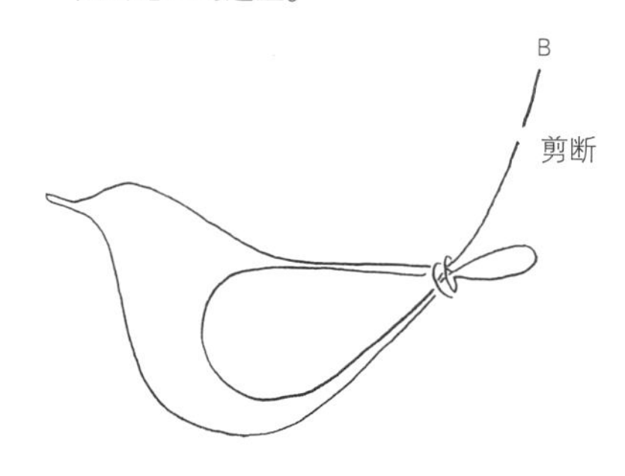


5 用 6~7cm 长的铁丝将翅膀和鸟身缠绕在一起，可以采用悬吊方式，也可以插在泥土中。

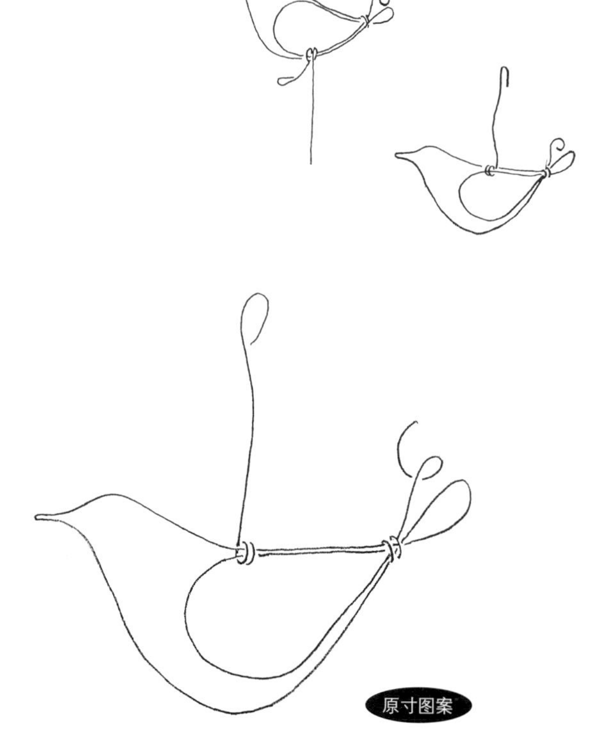

## 小鸟 b （第 23、28 页）

材料 / 铁丝 1 根

1 铁丝从中间对折，用尖嘴钳夹合做成鸟喙。

2 弯折 A 段铁丝，塑出头、背、尾巴和翅膀的轮廓。

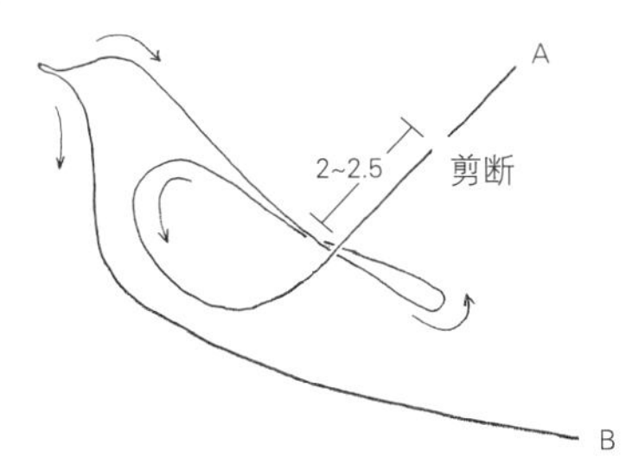


3 用 B 弯出腹部的圆弧外形后，用末端缠绕鸟尾根部 2 圈予以固定。

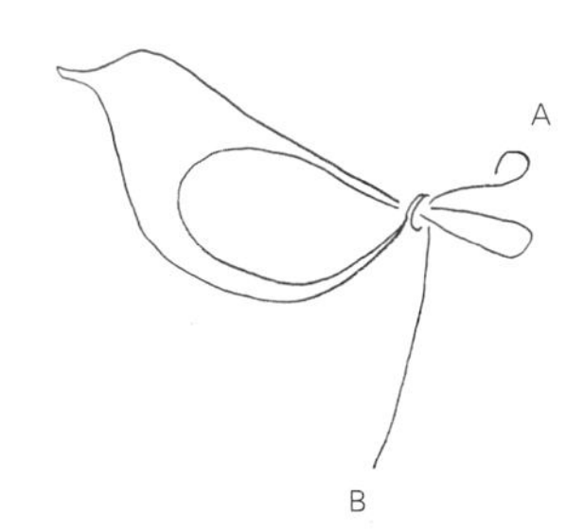


4 将 B 沿着腹部和翅膀拉回脚的位置，缠绕 1 圈予以固定。

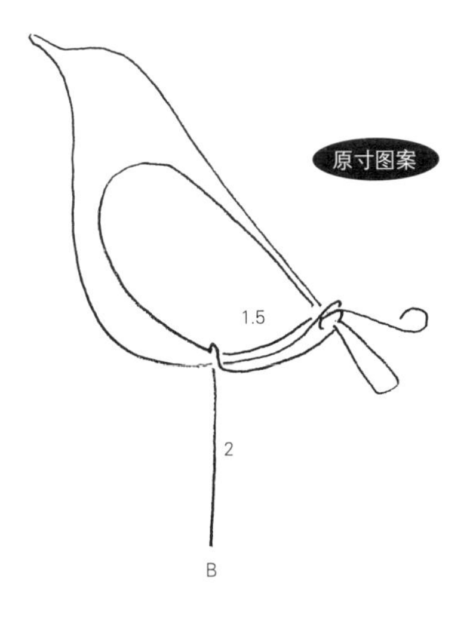


## 小鸟 c （第 28 页）

材料 / 铁丝 1 根（22cm）

1 如图将铁丝对折后，用尖嘴钳夹合做成鸟喙。



2 A 段弯折出头、背和尾巴轮廓，B 段则弯出腹部的圆弧轮廓。

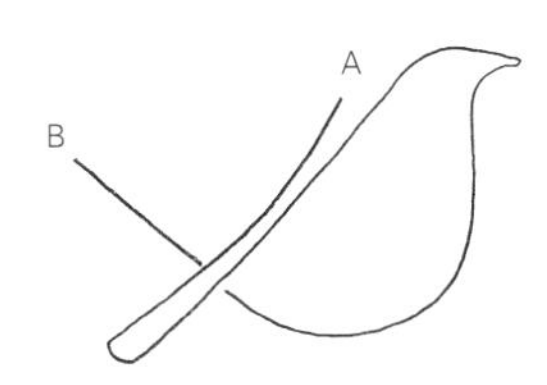


3 B 段先缠绕尾巴根部，再拉回腹部缠绕固定。

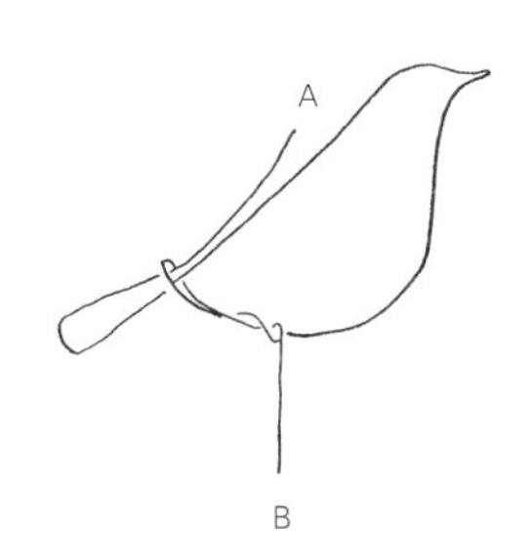


4 反折 A，末端弯折并修整外形。

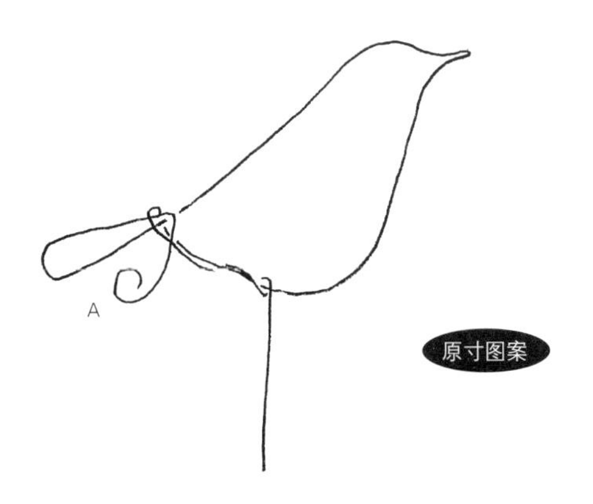

## 小青蛙 （第 22、26 页）

材料／铁丝 1 根

1 制作眼睛。铁丝对折，前端用尖嘴钳夹合做出圈环。拉开铁丝，在间隔 0.6cm 处再制作另一只眼睛。

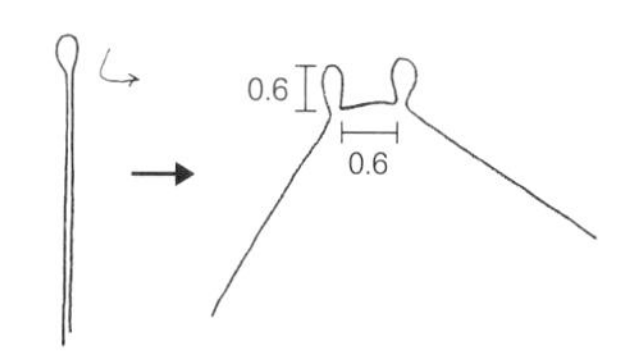


2 制作脸、颈和身体的外形，再从足根部反折，用尖嘴钳夹合。

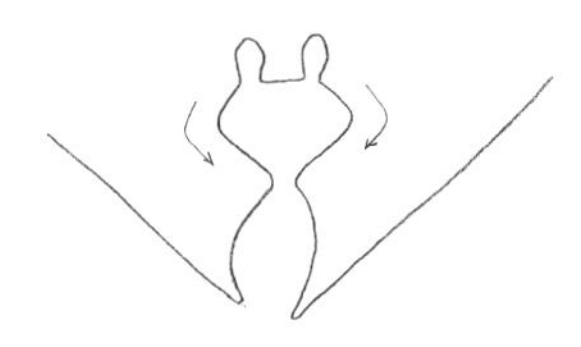

3 弯出脚部的形状。用尖嘴钳一边夹合一边弯曲铁丝，做出脚趾。其中一只脚的铁丝末端多留 1cm，钩在另一只脚上做 U 形固定。嘴巴是用剪好的铁丝做 U 形固定。

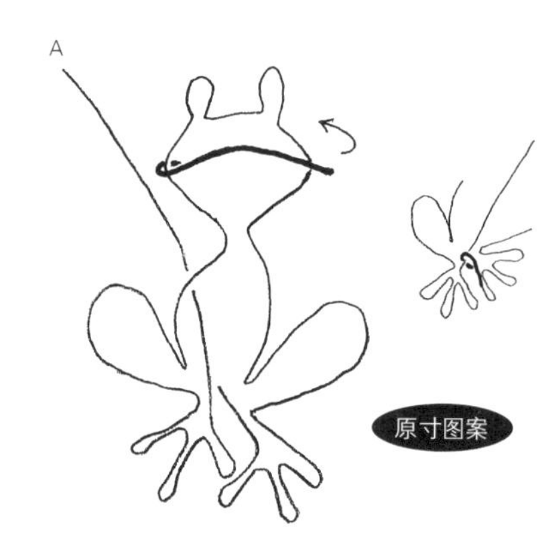


4 夹合脚根部，再用手指把脚掌往上折，与蛙身成直角。将 A 往下弯折，可插入土中或固定在某处。

## 蜜蜂 （第 14、27 页）

材料／铁丝 3 根、30cm 长黄铜丝 1 根

1 制作翅膀。将 20cm 长的铁丝如图弯折（下面的翅膀较小）。

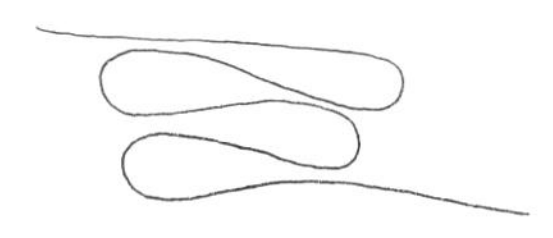

2 用尖嘴钳夹住正中央，用铁丝末端弯回缠绕 1 圈。为表现翅膀的轻薄感，可利用铁锤敲平翅膀部分的铁丝（A、B 端不用）。

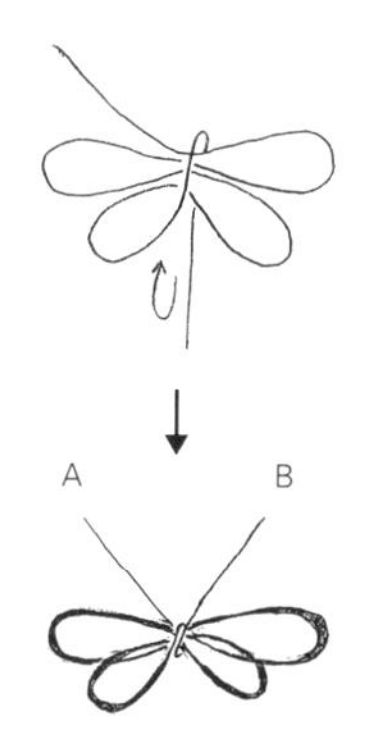


3 制作身体。将 13cm 长的铁丝对折，前端往下弯成小圈环。在弯圈下方用另一根铁丝缠绕 5 圈做 U 形固定，做成蜜蜂头部。

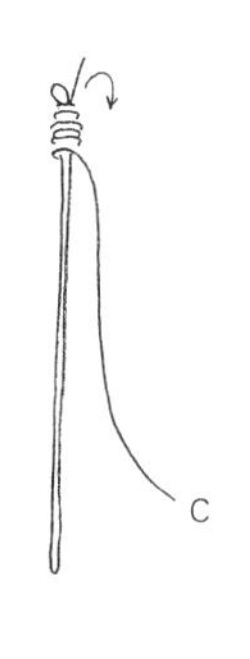


4 把步骤 2 中的翅膀放在步骤 3 中的蜜蜂头部下方，用步骤 2 中的 A、B 端铁丝重叠缠绕到步骤 3 中的蜜蜂身体的铁丝上。

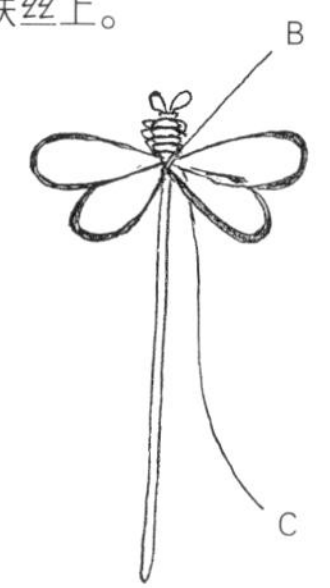


5 将身体反折成 2cm 长，用 C 固定翅膀的同时绕到身体上增加饱满感。

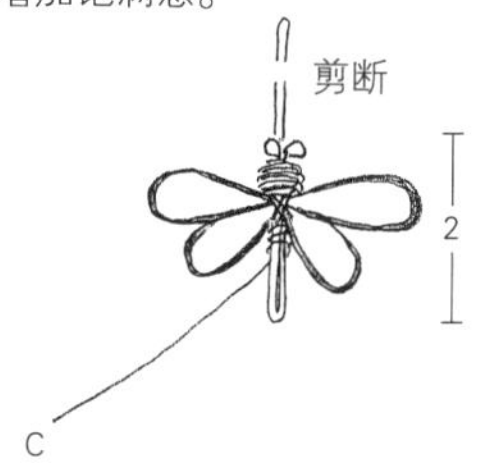


6 剪断反折的铁丝后，弯曲制成脚。将身体和翅膀稍微弯曲，修整外形。

7 用黄铜丝缠绕身体 4~5 圈后，前端插入翅膀下方，末端则如图般弯出造型。

## 蜗牛 （第 15、26 页）

材料 / 铁丝 1 根

※ 图示括号内是小号蜗牛的尺寸。

1 制作触角。铁丝从 20cm 处对折，弯折处保留圈环，用尖嘴钳夹合。

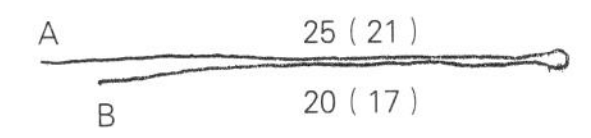


2 从圈环端算起 0.7cm 处，用尖嘴钳夹住铁丝，将 A 往回折。

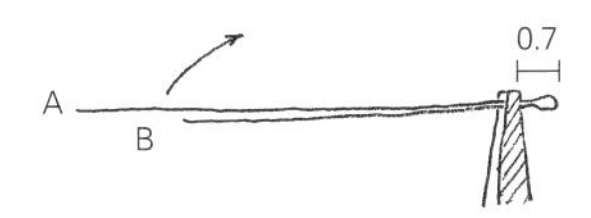


3 制作第二个触角。在距离反折点 0.7cm 处再次往回折，弯折处保留圈环夹合。

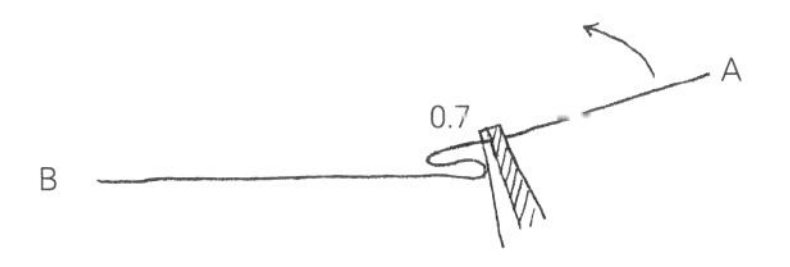


4 制作身体。如图所示，A 段铁丝预留 6cm 的长度后往回弯折，与另一边的铁丝保持 0.5cm 的宽度。

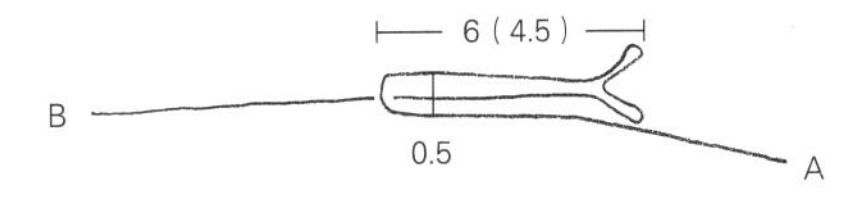


5 如图所示，B 段铁丝预留 3.5cm 长后，向上弯成直角，松松地在身体部位绕一圈，再倒向触角的方向。

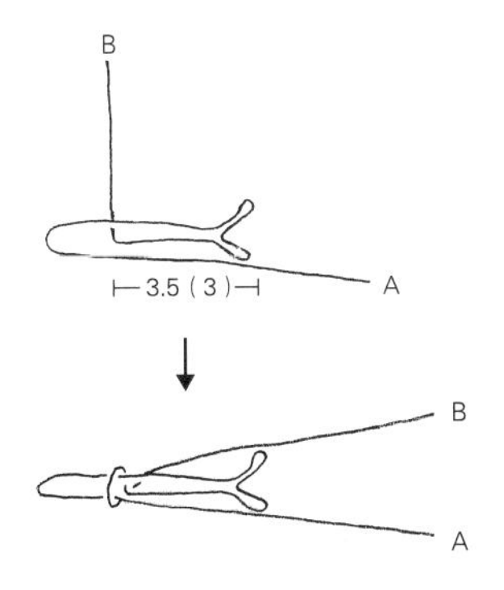


6 制作蜗牛壳。分别用尖嘴钳夹住 A 及 B 的前端卷成旋涡状。

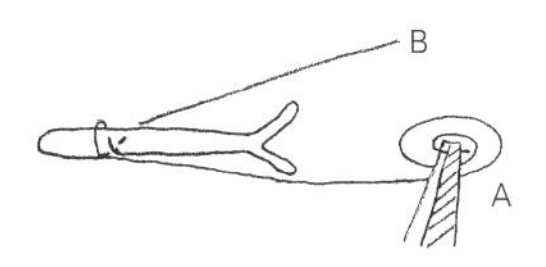


7 用尖嘴钳夹往旋涡中心，先往下拉再向外侧拉。蜗牛头尾稍微向上扳起，并修整蜗壳外形（壳的重心放低些会比较稳定）。

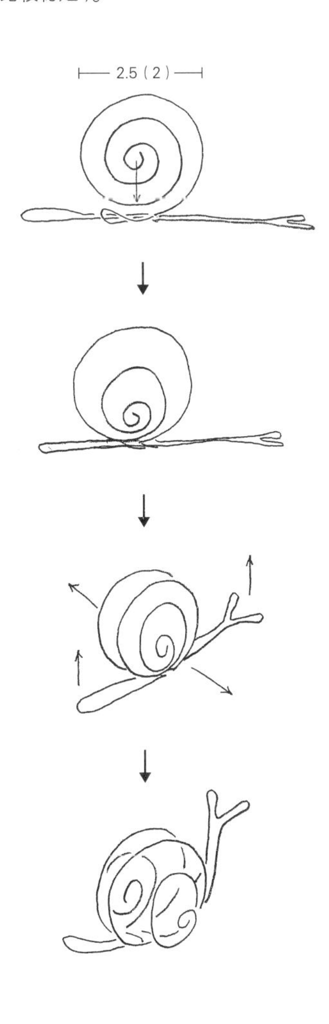

# 篮子 （第 1、8 页）

材料 / 铁丝 5 根

1 将剪成 20.5cm 长的铁丝如图示般弯折。

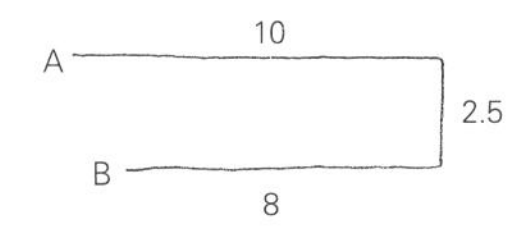


2 A、B 分别缠绕在马克笔上做成圈环，末端都做 U 形弯钩，钩在垂直的铁丝上固定住。

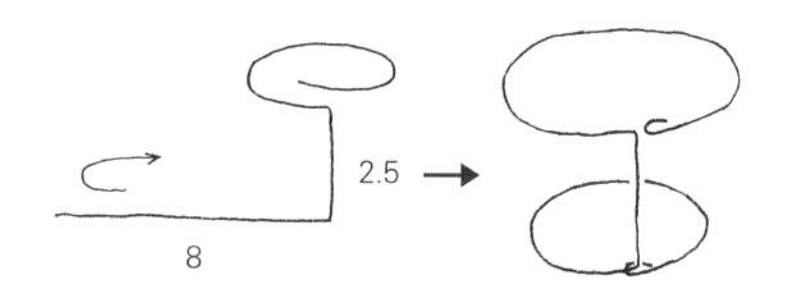


3 将 3.2cm 长的铁丝如图示般做 U 形固定。

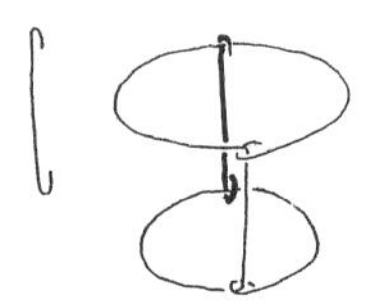

4 用手指将圈环往外拉，塑成上大（篮口）下小（篮底）的椭圆。

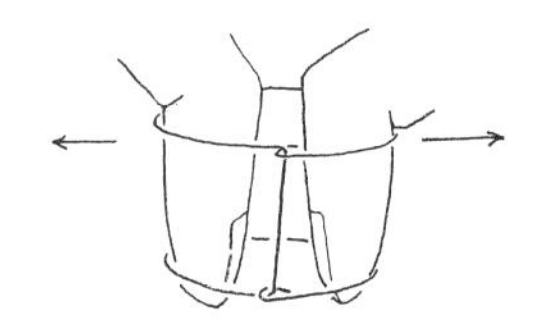

5 将步骤 4 中的框架倒着放。用 10cm 的铁丝在 3cm 处对折后，挂在篮底小圈上夹合。如图将较长端的铁丝向上拉，横跨篮底，在另一边绕 1 圈固定后往下折。

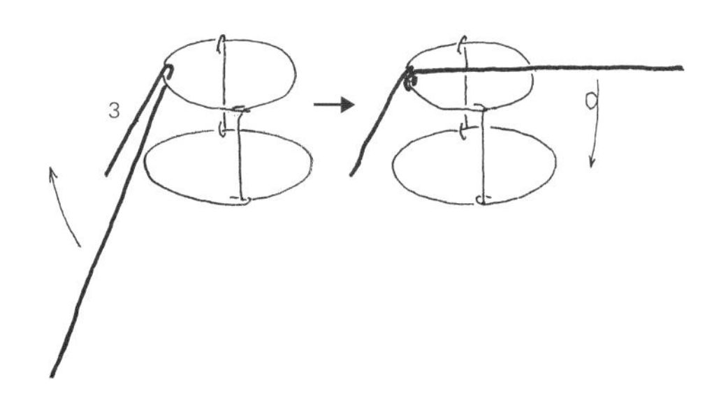


6 篮底多加 2 根铁丝做 U 形固定。

7 准备 8 根 3.2cm 的铁丝，在篮身上等距地做 U 形固定。

8 制作提把。在竹签上缠卷铁丝，做成约 1.5cm 长的弹簧，从中穿入 6cm 长的铁丝，折弯后，两端以 U 形固定在篮口。

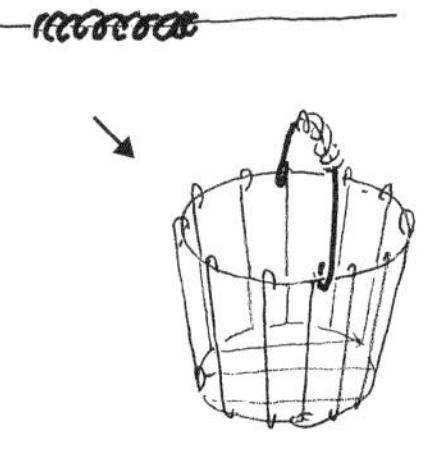

## 剪刀 （第 1 页）

材料 / 铁丝 2 根

1 在竹签上缠绕铁丝，制作 2 根长约 1.8cm 的弹簧。

2 制作剪刀口。15cm 长铁丝从 5cm 处弯折后夹合，再如图弯出山形后，从 2cm 处往回折。

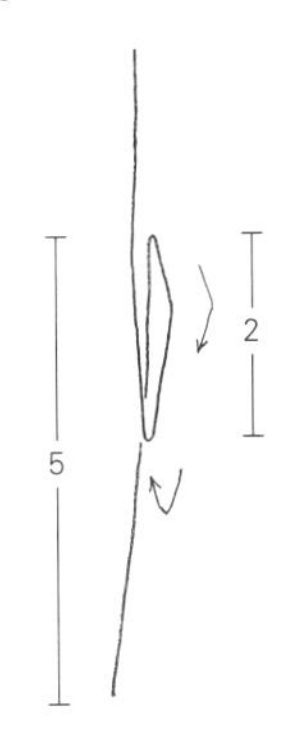


3 将 A 段铁丝依照步骤 2 的做法，制作出对应的另一边剪刀口，两根铁丝末端对齐后将 A 剪断。

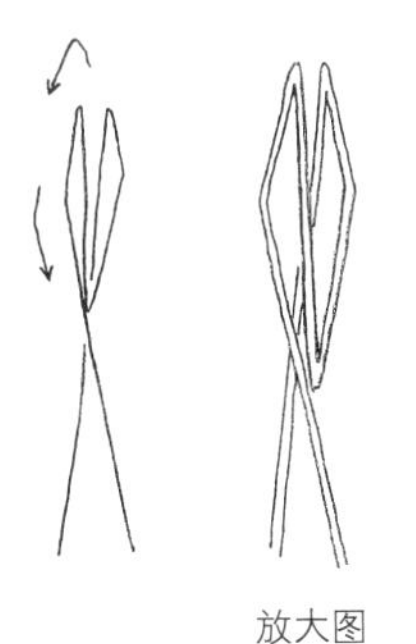

放大图

4 制作剪刀柄。从步骤 3 中做好的框架末端分别穿入步骤 1 中做好的弹簧，前端做成 U 形弯钩。

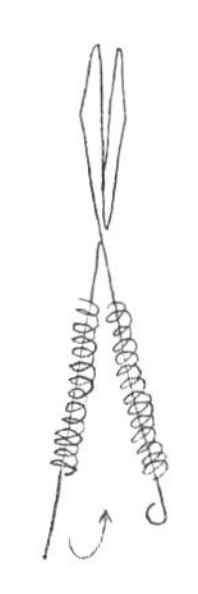

5 如图所示弯出握柄。

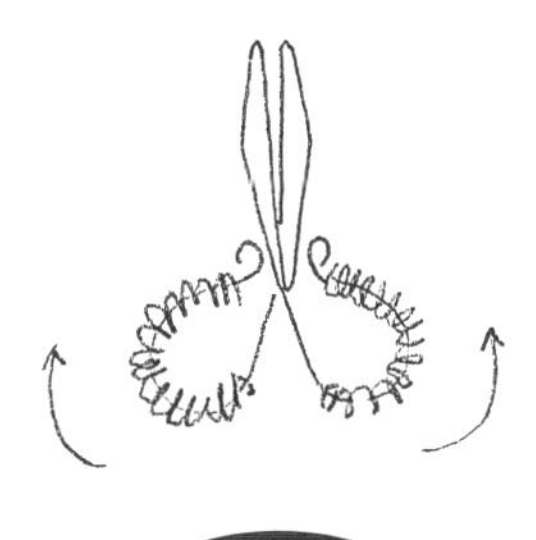

原寸图案

## 浇花壶 （第 21、27 页）

材料 / 铁丝 3 根

1 取 1 根铁丝缠绕在直径 1.5cm 的马克笔上，做成弹簧，头尾两端做 U 形固定。

2 将 5cm 长的铁丝如图般弯折，套在步骤 1 中做好的弹簧上做 U 形固定。

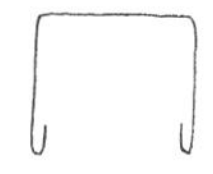

3 将步骤 1 中弹簧另一端的铁丝弯折，横跨圈环的中央，做 U 形固定。

4 安装握柄。将分别为 3.5cm 和 4cm 长的铁丝如图般弯折，在两端都做U形固定，与壶身组合起来。

3.5cm 铁丝

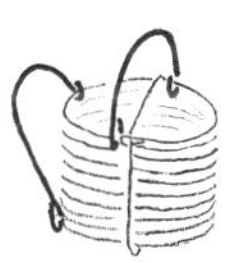

4cm 铁丝

5 制作壶嘴。用尖嘴钳前端夹住 7cm 铁丝的中央，用手指弯折两端，再修剪成 3cm 的长度。

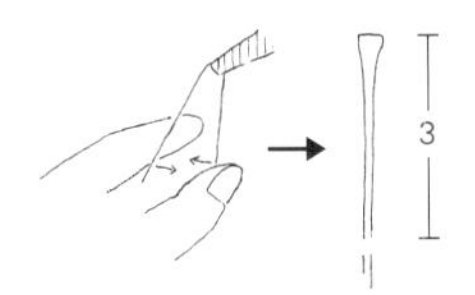


6 在壶身靠近底部的地方，用步骤 5 的壶嘴前端做 U 形固定，再将壶嘴往下压。

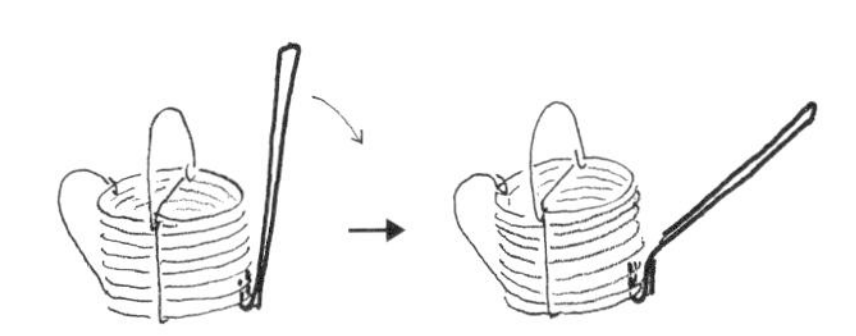

## 手推车 （第 30 页）

材料 / 铁丝 12 根

1 制作车斗。依照右页图形①及②弯折 3 根铁丝，再依下图组合起来。

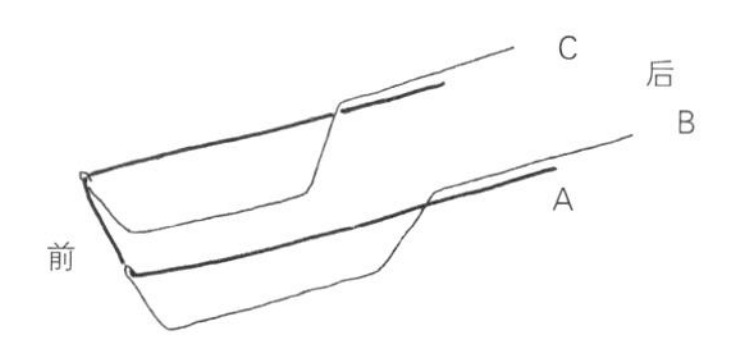


2 在 A、B 段铁丝重叠处（7.5cm）将 A 在 B 上缠绕 1 圈固定后，往 C 弯折做 U 形固定。另一侧的 A 段铁丝也同样处理后，往 B 弯折做 U 形固定。

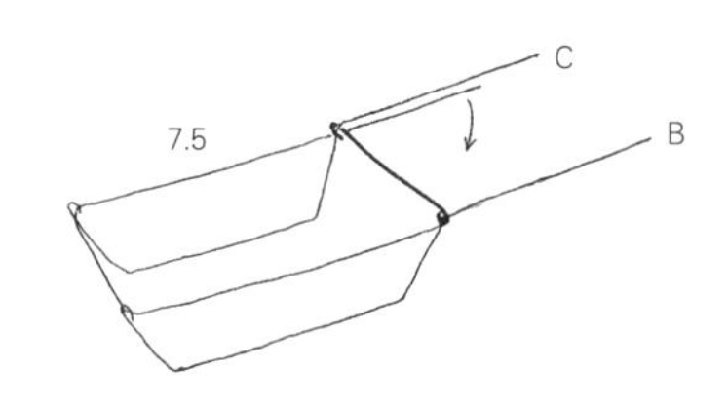


3 依下图在推车底部的前后，分别用 4cm 及 4.5cm 长的铁丝做 U 形固定。

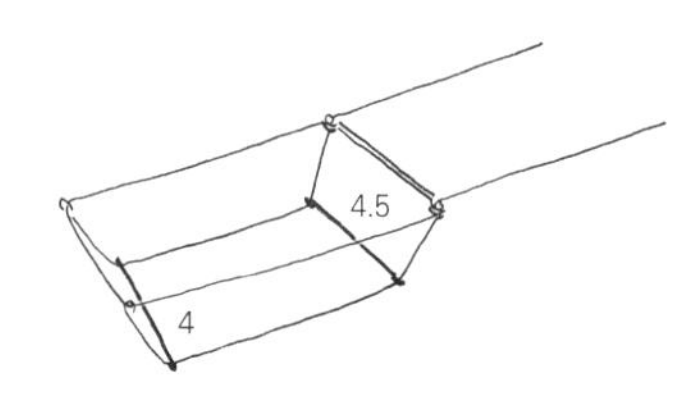


4 依照右页图形③弯折 5 根 11.5cm 长的铁丝后，依下图做等距的 U 形固定。

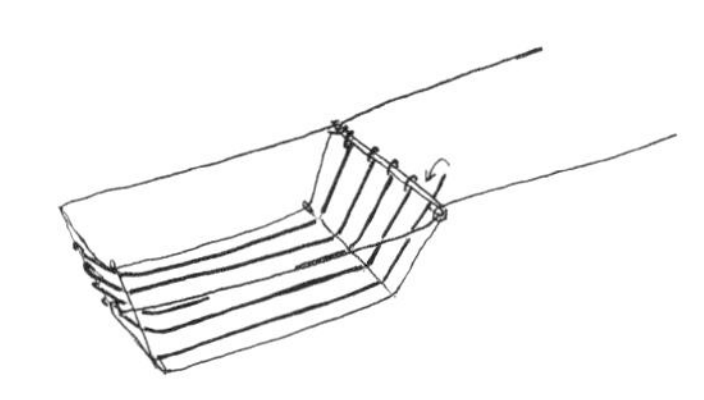

5 制作车轮。取 1 根铁丝制成直径 3cm 的双重圈环，以另一根铁丝的前端 1.5cm 缠卷固定圈环，剩下的铁丝跨过中央做 U 形固定，再取另 1 根铁丝以十字形固定，最后再用 2 根铁丝从圈环内侧均分十字固定。

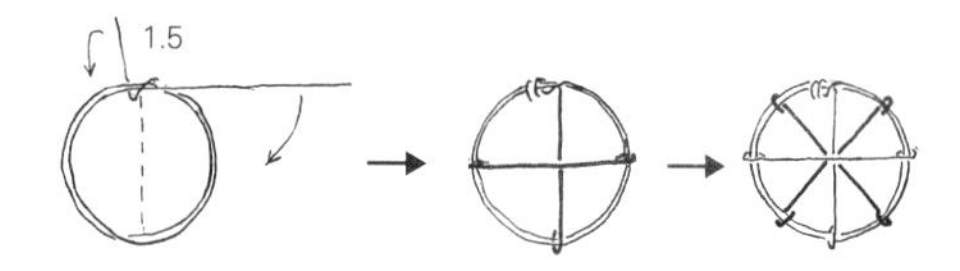


6 将 30cm 的铁丝对折，穿过车轮中心绕 1 圈夹合后，如图弯折并剪掉多余的铁丝。另外用一条 1.5cm 的铁丝，在距离车轮中心 2cm 处做 U 形固定。

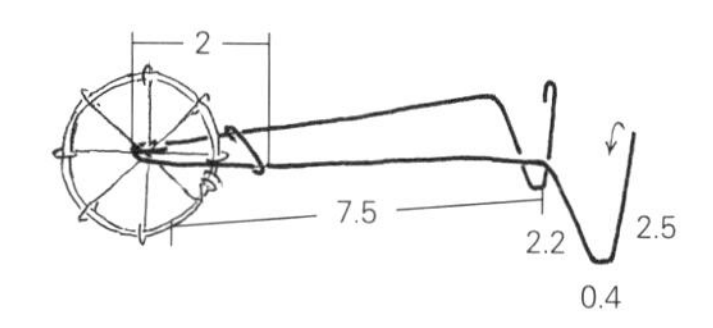


7 用竹签卷 2 条长约 2.5cm 的弹簧。

8 如下图组合步骤 4 中的车斗与步骤 6 中的轮子。反折 B、C 段铁丝做成把手，末端以 U 形固定在车斗上，再套上步骤 7 中的弹簧。

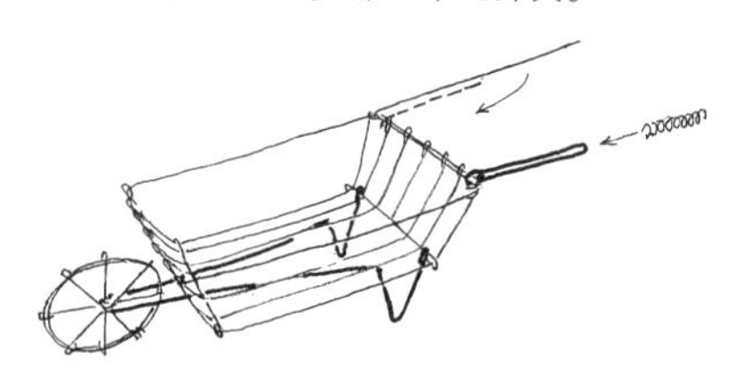

9 为避免车轮架和车斗分离，用 3 根铁丝从底部往上做 U 形固定。

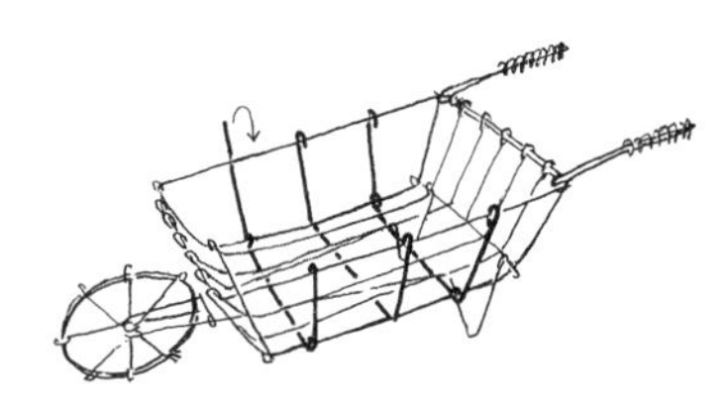

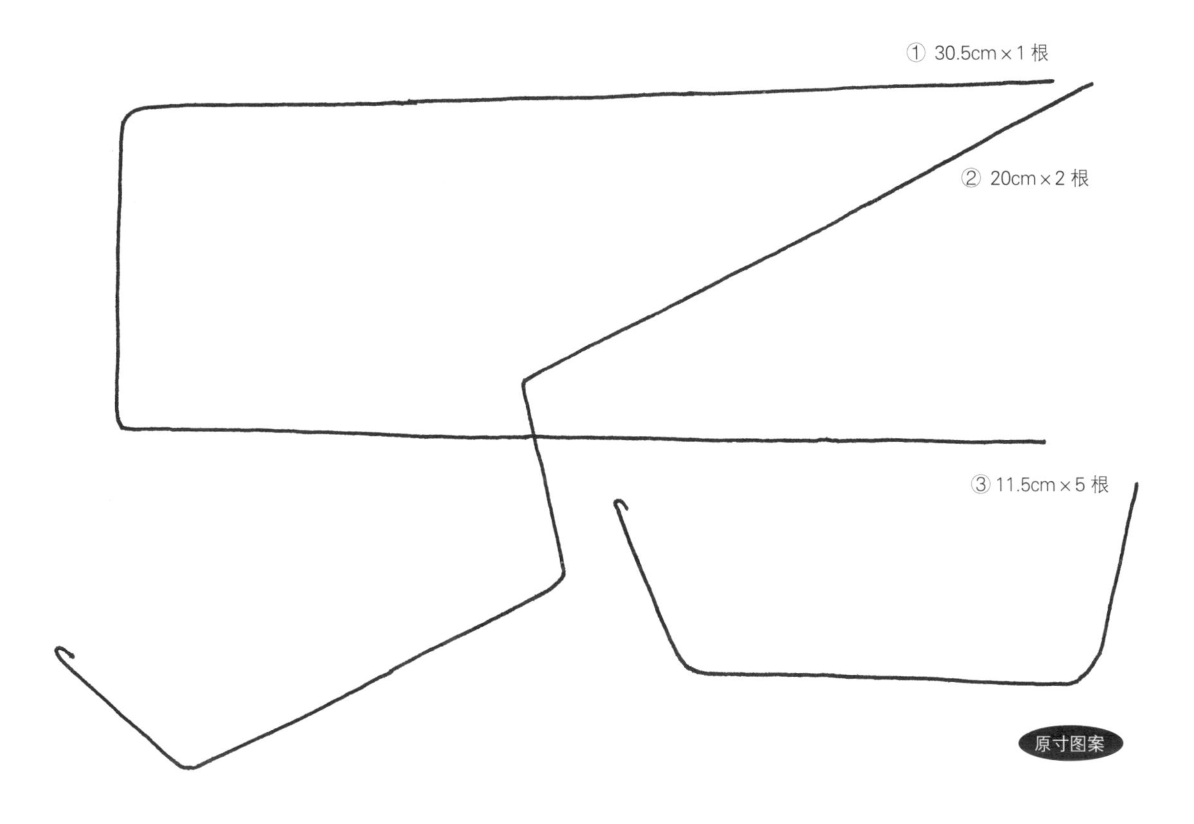


## 帽子（第 30 页）

材料 / 空的咖啡奶精球容器、双面胶、麻绳、红线、木工用白胶

1 在容器内、外侧都贴上双面胶。

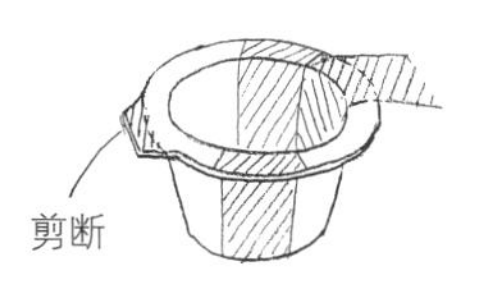


2 用锥子在中央钻洞，穿入前端打结的麻绳。

3 从中央开始以旋涡方向粘贴麻绳，一直粘贴到容器内侧为止。

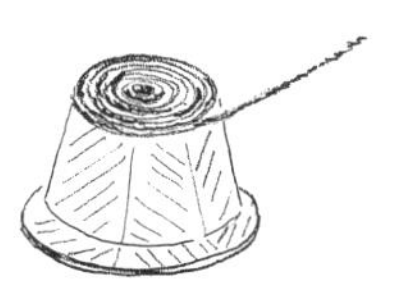

4 在麻绳表面薄薄地涂一层木工用白胶，干了之后绑上红线。

## 园艺小铲 （第 21、26 页）

园艺小铲 / 25cm 长铁丝 1 根

1 在前端 3cm 处对折，用尖嘴钳夹合后，如图所示弯折出园艺小铲的外形。

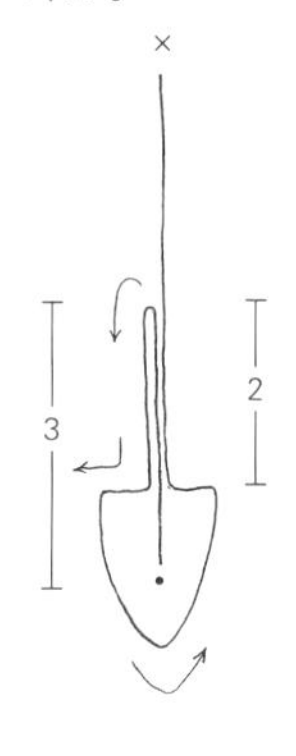


2 在结束的地方弯成直角，用尖嘴钳夹住后，用手把铁丝缠绕在握柄部位。

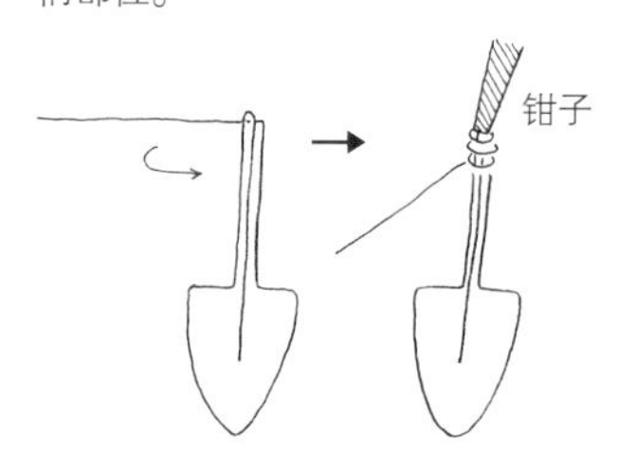


3 将握柄及铲面弯出弧度。

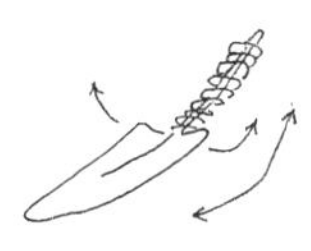

## 铁叉 （第 27、30 页）

材料 / 铁丝 1 根、小树枝

1 如图所示弯折铁丝，做出铁叉形状。在距握柄根部 0.8cm 处将铁丝弯成直角，夹入小树枝后缠绑固定。

2 将叉面稍微往上弯，调整铁叉的角度。

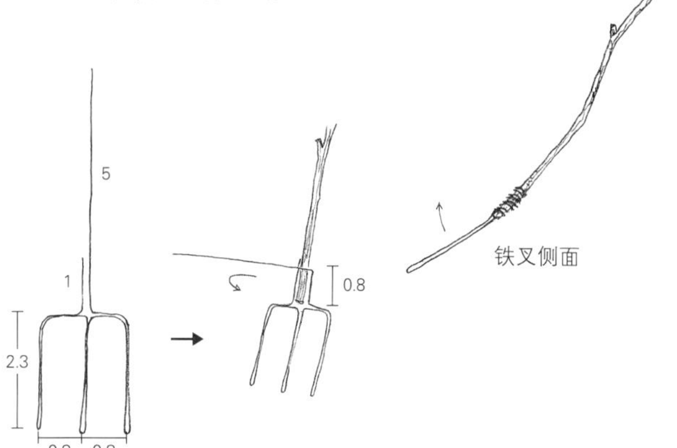


## 铁锹 （第 11、26 页）

材料 / 铁丝 2 根、铝罐底部

1 将 2 根铁丝一起对折，前端保留圈环不要夹合。

2 其中 1 根铁丝如图在距离 1.8cm 处弯成直角，缠绕 5 圈后剪断。

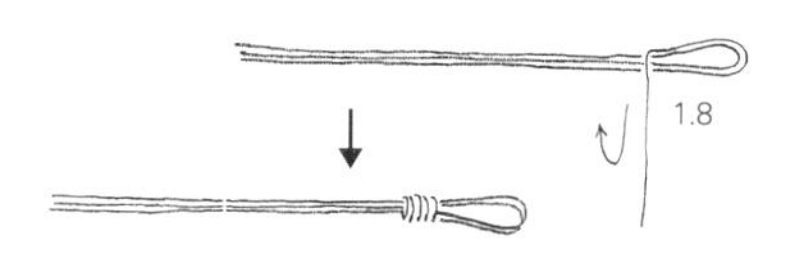


3 如图在 8cm 处将铁丝弯成三角形，其中 2 根保留 1cm 后剪断，剩下的则用来缠绕 4 圈固定后再剪断，做成握把的部分。

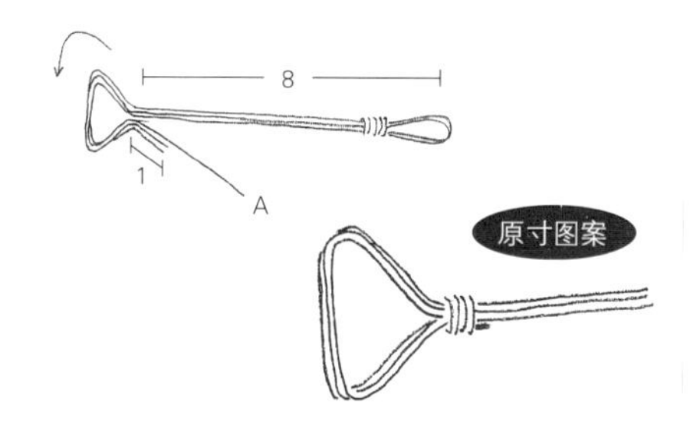


4 将铝罐底部裁剪成如下图的形状，两侧各剪一牙口。用尖嘴钳夹着中央，以手指弯出弧度。

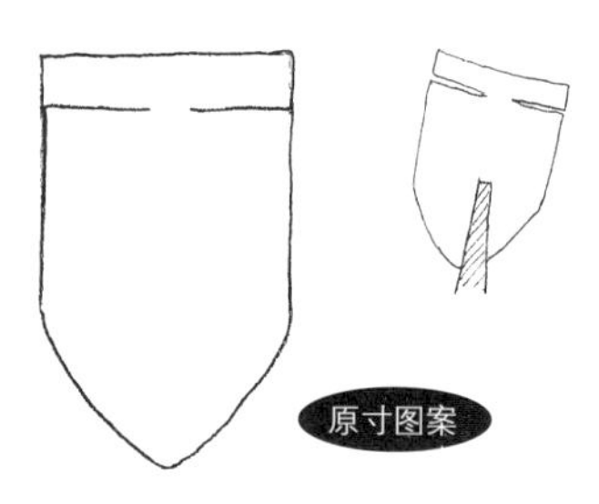


5 组合 3 的握把与铁锹。如图用牙口卷包住握把，再用钳子夹合固定。

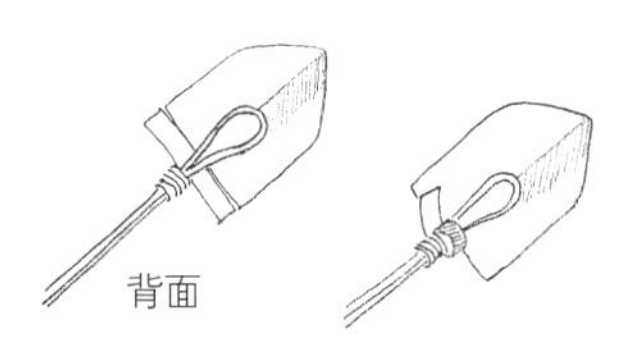

# 鸟笼 a （第 28 页）

材料 / 铁丝 7 根、捏皱的英文报纸（约 6cm × 6cm）

**1** 制作笼底。取 1 根铁丝制成直径 4.5cm 的双重圈环，一端保留 1.5cm 长缠绑圈环固定。

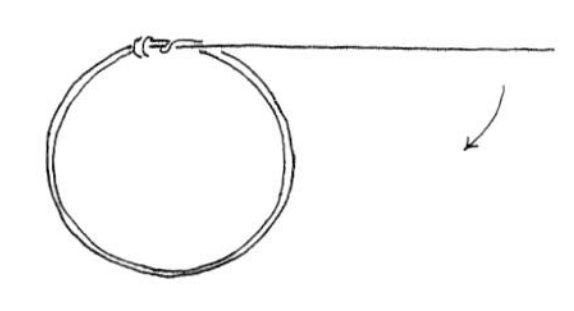

**2** 剩余的铁丝横过圈环中央，在另一边做 U 形固定。再取 2 根铁丝在两侧间隔 1cm 处分别做 U 形固定。

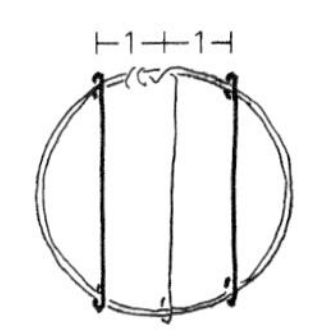


**3** 如图所示弯折 4 根剪成 20cm 长的铁丝，在前端 0.4cm 处做 U 形弯钩，做成笼子的骨架。

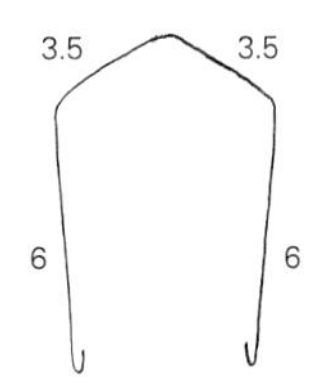


**4** 将步骤 3 中的骨架与步骤 2 中的笼底组合固定。

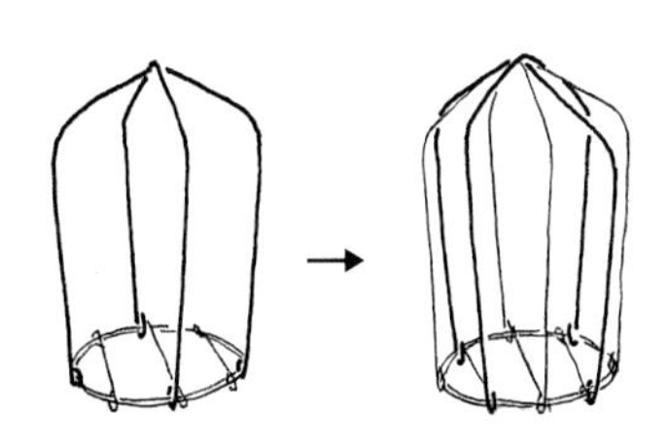

**5** 在 11cm 长的铁丝前端 2.5cm 处做 U 形弯钩后，钩住鸟笼顶端铁丝交叉处，如图依编号顺序绕绑，再夹合做成鸟笼提把。

【放大】

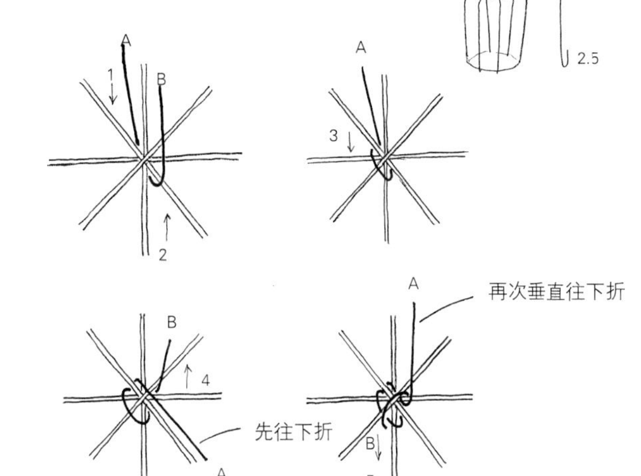


**6** 取 1 根铁丝做螺旋圈，如图套在鸟笼上，并以 U 形固定与骨架结合。

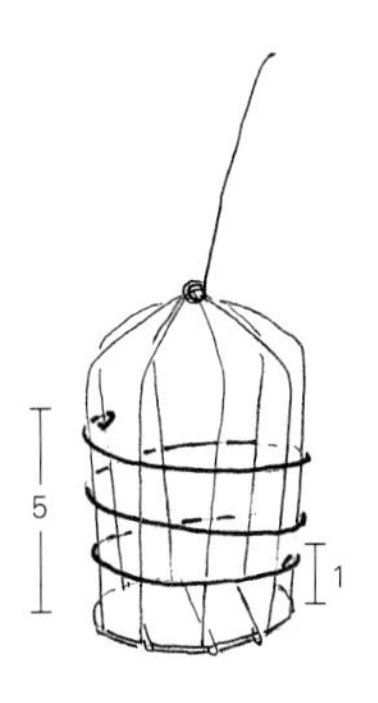


**7** 参照第 49 页制作出小鸟 b，把它缠绑夹合在提把的前端。稍微拨开鸟笼侧面的铁丝，放入英文报纸。

# 鸟笼 b （第 28 页）

材料 / 铁丝 12 根、气生植物、小树枝

1 制作笼底。取 1 根铁丝制成直径 5cm 的双重圈环，一端保留 1.5cm 的长度以固定圈环，剩余的铁丝垂直竖起后，在 10.5cm 处剪断。

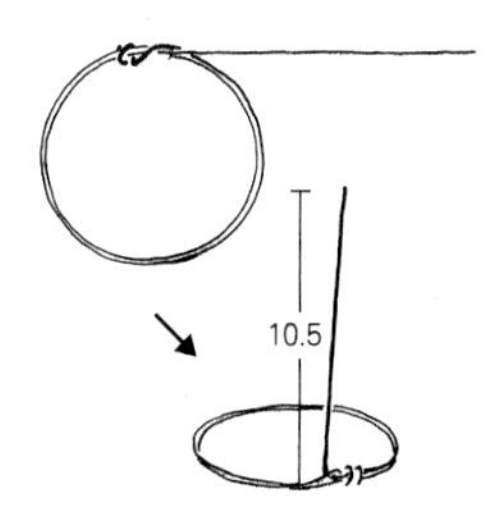


2 制作上部圈环。以步骤 1 中的方法制作直径 7cm 的圈环，但剩余的铁丝全都剪断。

3 利用 3 根 11cm 长的铁丝和 1 根从底部竖立起来的铁丝，以 U 形固定和上圈环组合起来。

4 如图，底部用 3 根铁丝做 U 形固定。在距离上圈环 3.5cm 处，先用 1 根铁丝横向做 U 形固定，再用 2 根铁丝纵向等距做 U 形固定。

5 制作支架。分别对折 3 根 15cm 长的铁丝，用钳子夹住弯折处，如图将铁丝往两侧拉开呈一直线。其中一端弯折成 U 形，再将铁丝总长度修剪成 11cm。3 根铁丝上突出点的位置可以有些许差异。

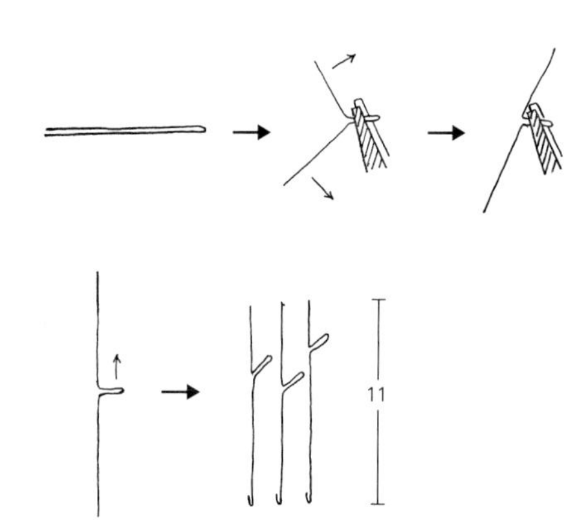


6 用步骤 5 中的支架和另外 3 根 11cm 长的铁丝在步骤 4 中的骨架上做 U 形固定。

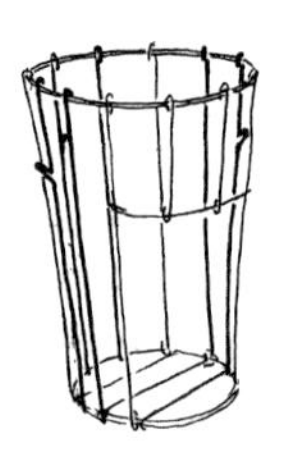

7 将 6 根 10cm 长的铁丝两端做 U 形弯钩，在骨架上方交叉做 U 形固定。

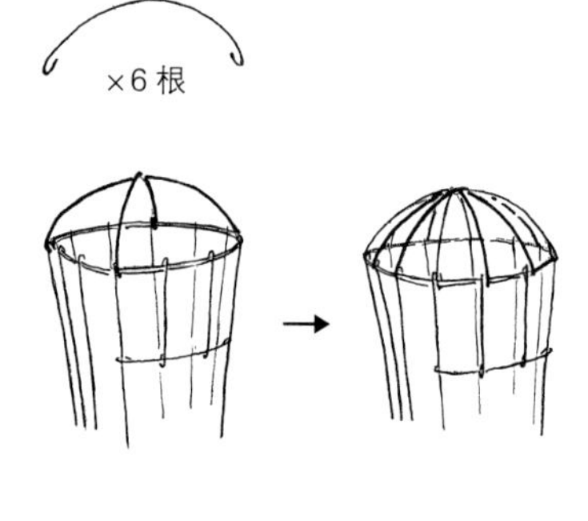

8 如下图制作小门，配合鸟笼稍微弯成弧形。用5cm 长的铁丝将门缠绑在鸟笼上，修剪多余的铁丝。

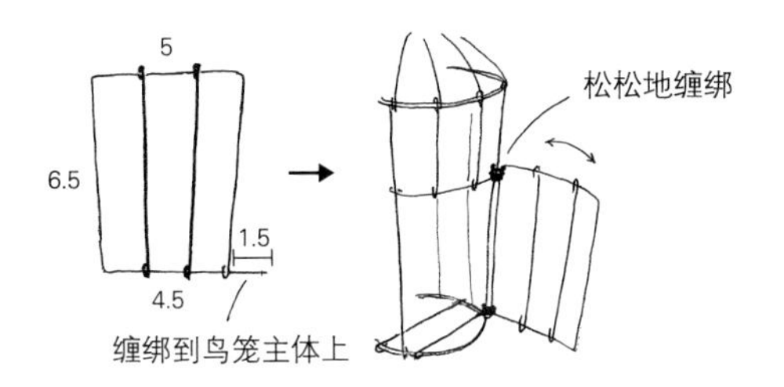


9 用 5cm 长的铁丝缠绑固定笼顶，做成钩状。参照第 49 页制作小鸟 c，将它固定在门上。调整支架突出的角度，再架上小树枝。

## 鸟笼 c （第 31、29 页）

材料 / 铁丝 6 根、气生植物、捏皱的英文报纸（约 6cm × 6cm）

1 制作笼底。取 1 根铁丝制成直径 5cm 的双重圈环，一端保留 1.5cm 长来缠绑固定圈环。

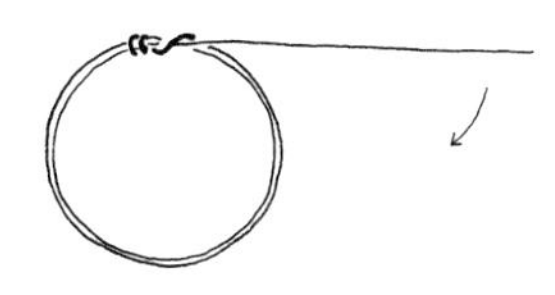

2 剩余的铁丝横越圈环，在另一侧做 U 形固定。在两侧间距 1cm 处，分别用 1 根铁丝做 U 形固定。

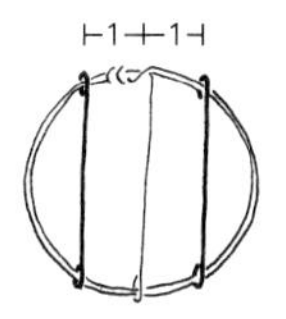


3 利用瓶子弯折 3 根 22cm 长的铁丝，在铁丝两端 0.4cm 处做 U 形弯钩。

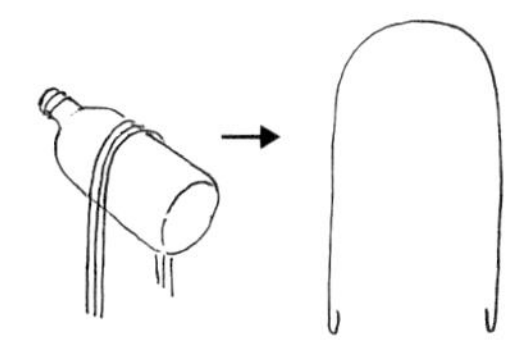

4 将步骤 3 中的铁丝等距放在步骤 2 中的笼底上做 U 形固定。

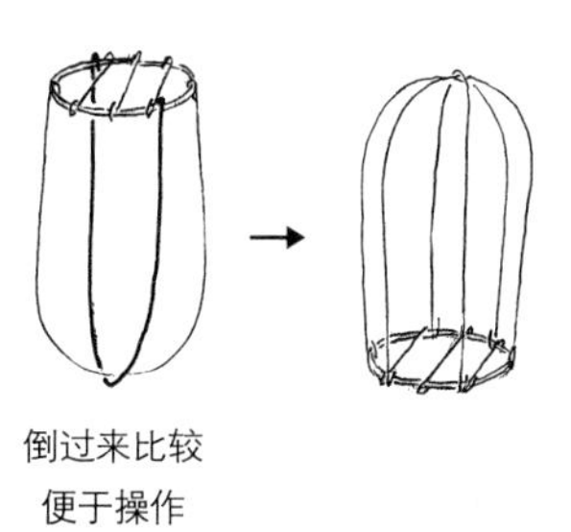

倒过来比较
便于操作

5 在 25cm 长的铁丝前端 2.5cm 处做 U 形弯钩，钩住笼子顶端的铁丝交叉处，并如图般依编号顺序绕绑，再用尖嘴钳夹合。

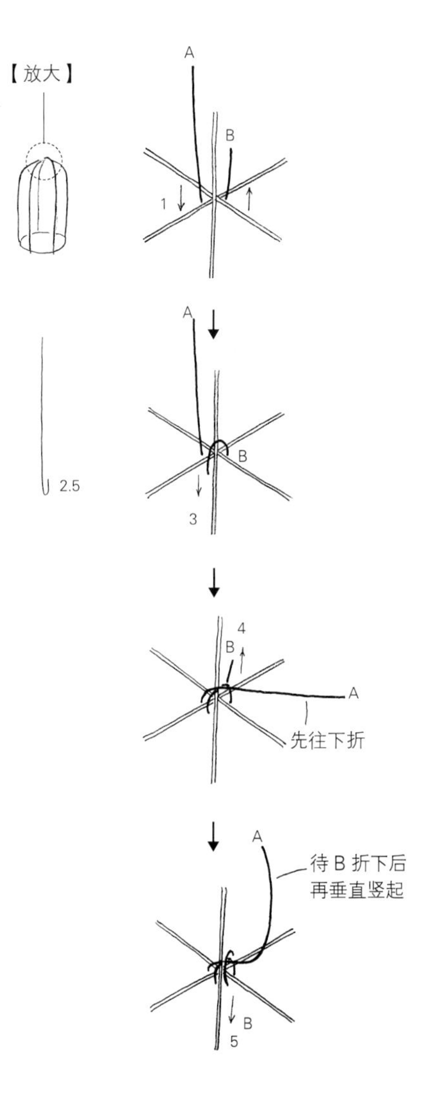


6 取 1 根铁丝做螺旋圈，套在鸟笼上，依照下图做 U 形固定，并参照第 48 页制作小鸟 a。

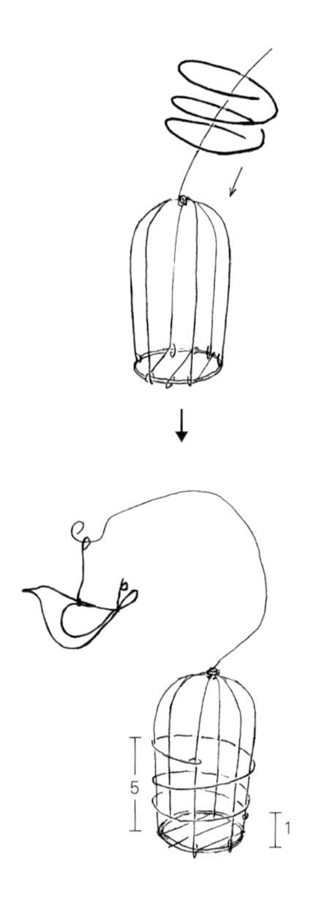


7 将 5 的提把前端如图弯折，挂上小鸟。稍微拨开鸟笼侧面的铁丝，放入英文报纸和气生植物。

## 椅子 a （第 18 页）

材料 / 铁丝 4 根

1　制作椅座。将 2 根铁丝前端弯成 2cm 的 U 形弯钩，一手捏住弯钩不动，另一只手如上发条般将铁丝互扭在一起。

2　剪掉弯钩处，将铁丝卷成旋涡状。一开始可先用钳子夹着卷，中途再改用手卷，末端缠在内圈上固定。

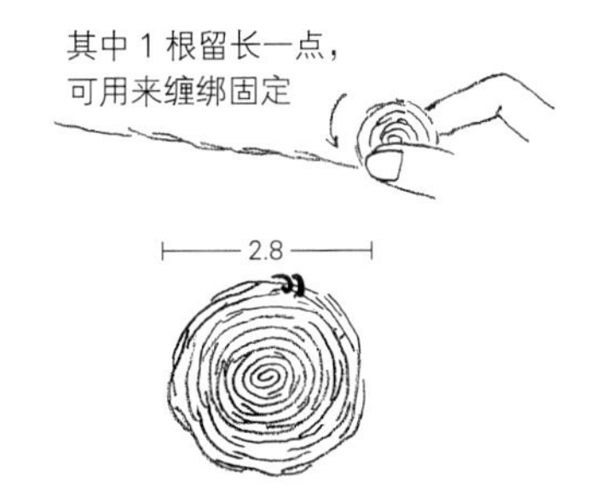


3　依图中尺寸用 1 根铁丝制作椅背的轮廓，并在下方用 1 根及 3 根铁丝分别做横向及纵向的 U 形固定。

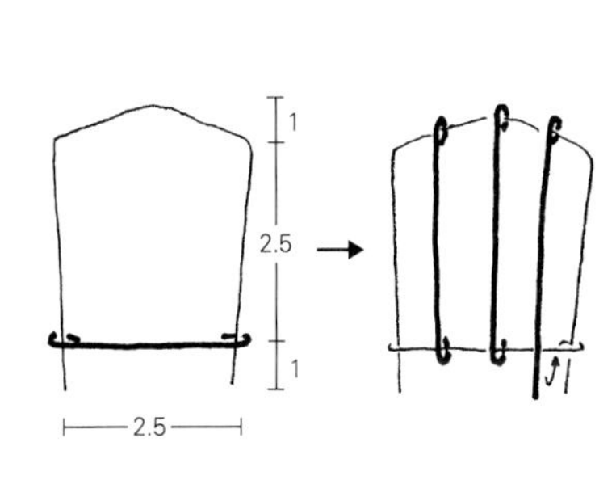


4　配合椅座将椅背弯出弧度后，如图缠绑固定在一起。

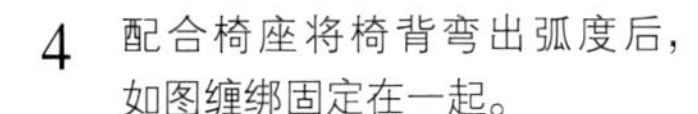

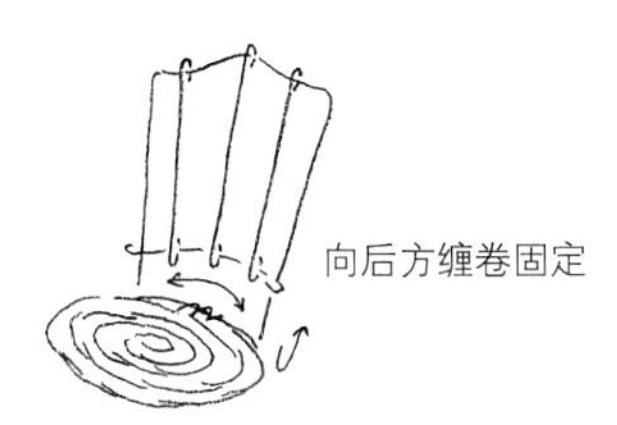


5　对折 4 根 8cm 的铁丝，末端做 U 形弯钩，制成 3cm 高的椅脚。

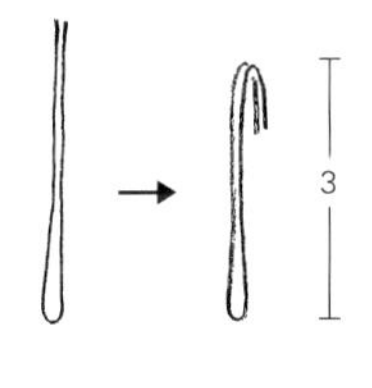


6　如图将外侧数来第二圈以内的铁丝掀起，将 4 根椅脚缠卷固定在第一圈铁丝上，再把椅座压回原位。

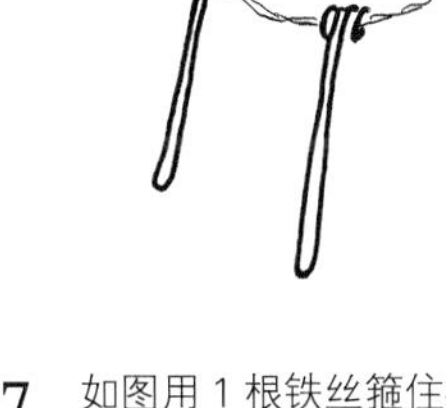

7　如图用 1 根铁丝箍住椅脚，并弯出椅背的弧度。4 个椅脚末端都向外弯折，让椅子更稳固。

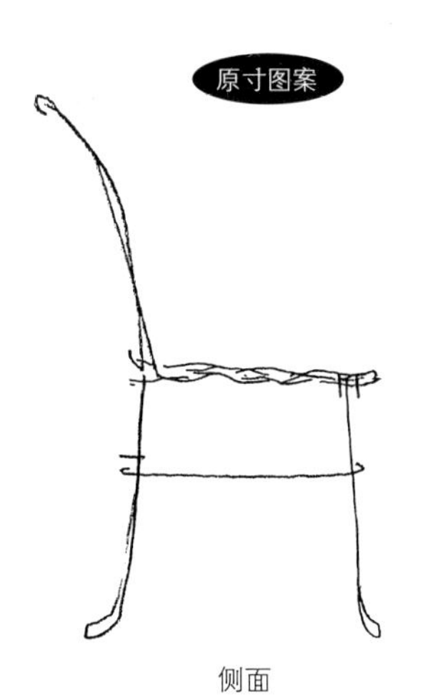


侧面

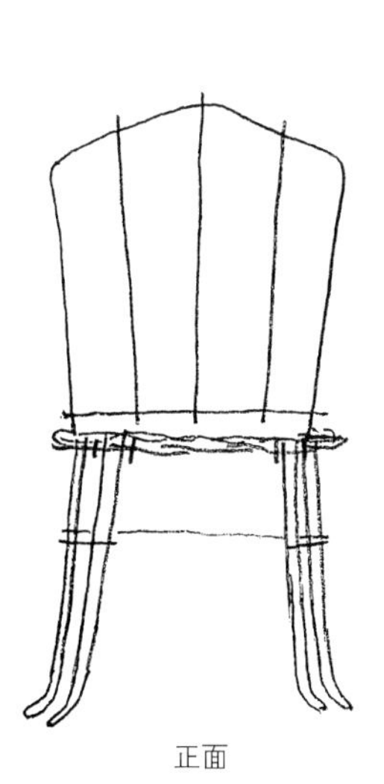

正面

# 椅子 b （第 18 页）

材料 / 铁丝 4 根

1 依图中尺寸弯折 1 根铁丝，制作椅子的轮廓。

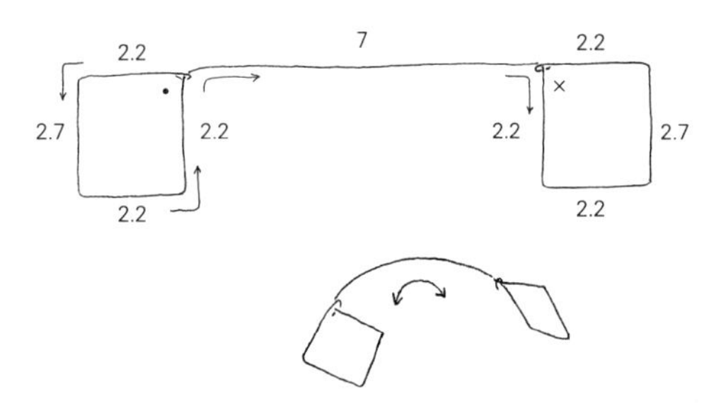


2 依图中尺寸用 3 根铁丝在 3 个部位做 U 形固定。

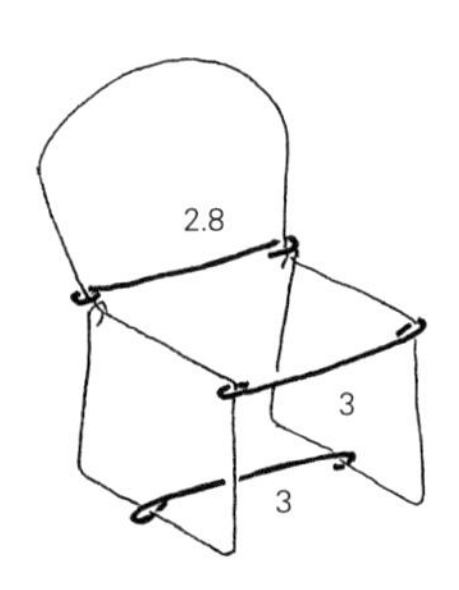


3 取 5 根 6cm 长的铁丝，如图弯成 L 形后，先在椅面上做 U 形固定。椅背的铁丝依轮廓的弧度适度修剪后，再做 U 形固定。

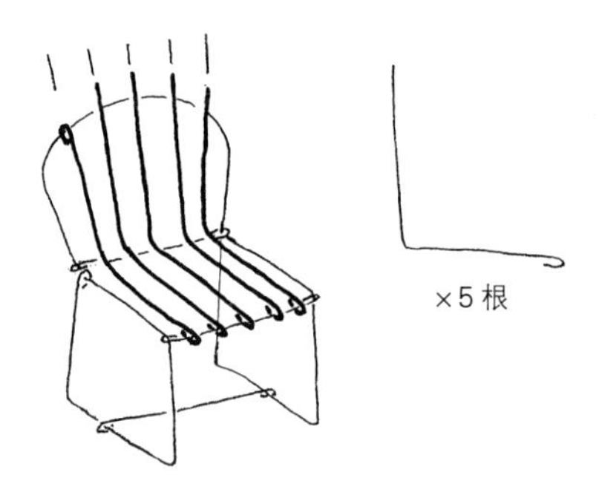


4 把 2 根 4cm 长的铁丝前端分别在靠背和椅座上做 U 形固定，制成扶手。

原寸图案

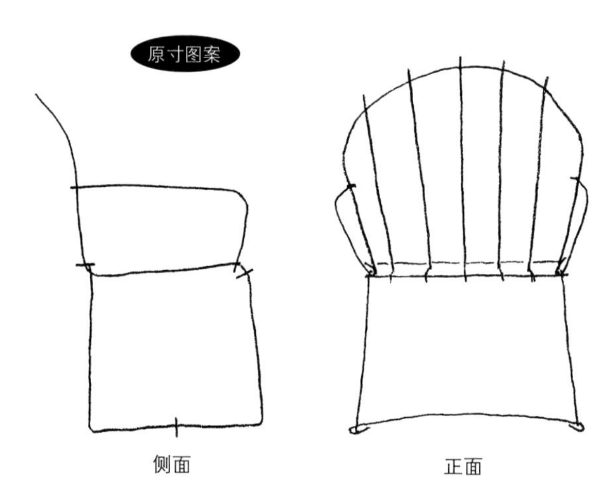

## 椅子 c、f （第 18、19、20、24 页）

椅子 c 材料 / 铁丝 4 根、白色水性涂料

椅子 f 材料 / 铁丝 4 根

1 依图中尺寸弯折 1 根铁丝，制作椅子的轮廓；用 2 根铁丝在前后椅脚做 U 形固定。

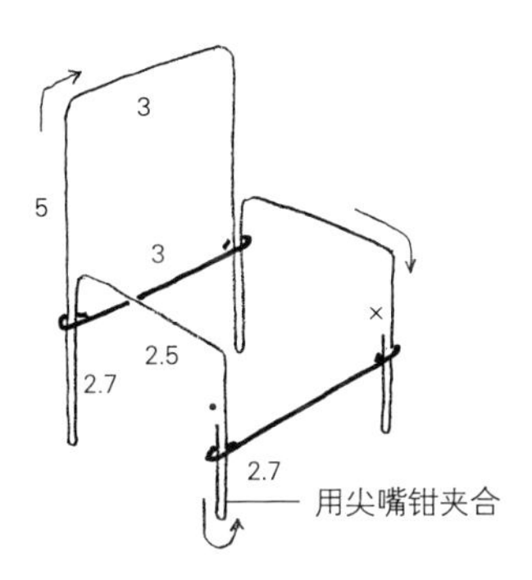


2 在椅面上用 10 根 4cm 长的铁丝由内往外做 U 形固定。

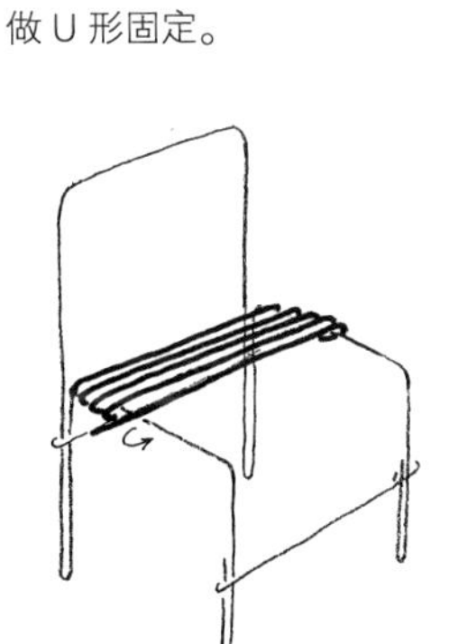

3 参考下方的原寸图，分别用 4 根铁丝在椅背以及 1 根铁丝在椅面最外侧做 U 形固定。

4 用拇指按压椅背和椅面，让它略有弧度。椅子 c 刷上涂料即完成。

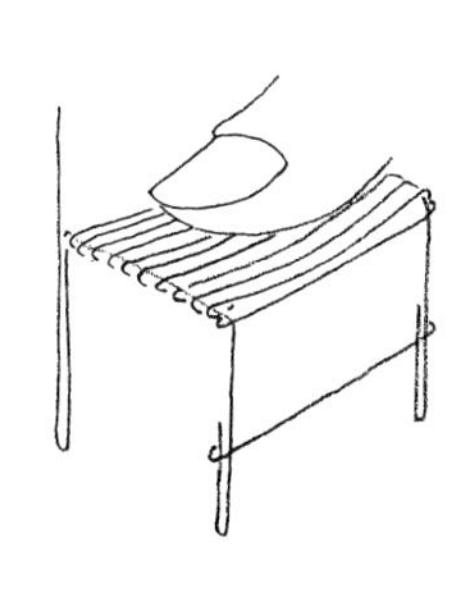

原寸图案

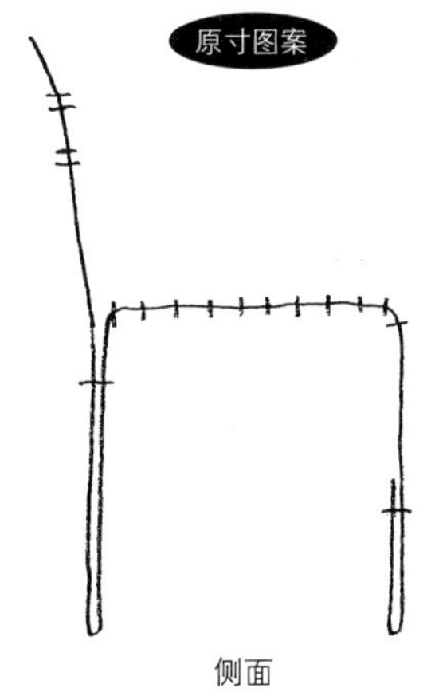

侧面

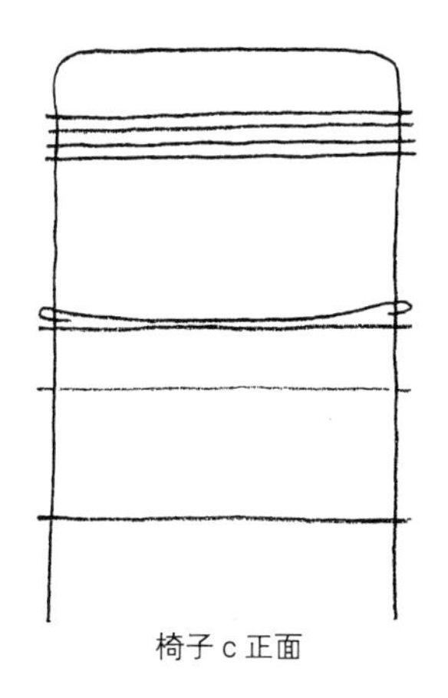

椅子 c 正面

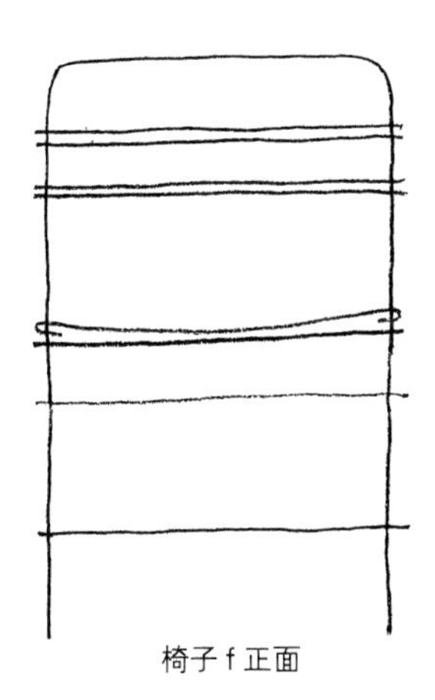

椅子 f 正面

# 椅子 d （第 16、18、25 页）

材料 / 铁丝 6 根

1 依图中尺寸弯折 1 根铁丝，制作椅子的轮廓。

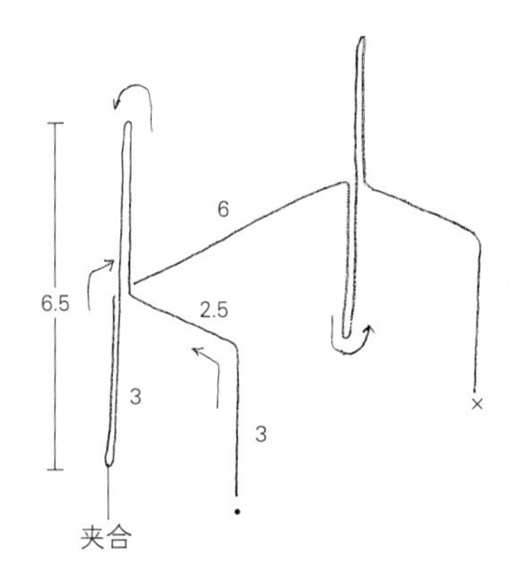


2 如图所示，分别在椅背和椅脚用铁丝做 U 形固定。

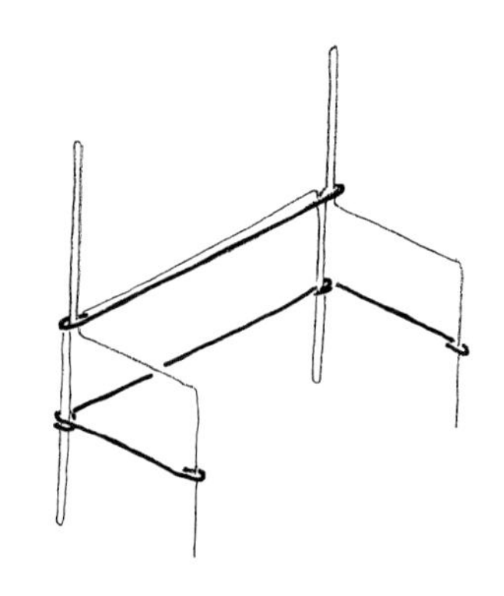

3 分别对折 2 根铁丝，松松地扭成麻花条，并配合椅背尺寸修剪长度后做 U 形固定。将椅面外侧的轮廓稍微拉开后，用 1 根铁丝做 U 形固定。

4 用 8 根铁丝在椅面上做 U 形固定。弯折椅背和椅脚的末端，以调整椅子高度。

5 椅背稍微向后压出斜度。

原寸图案

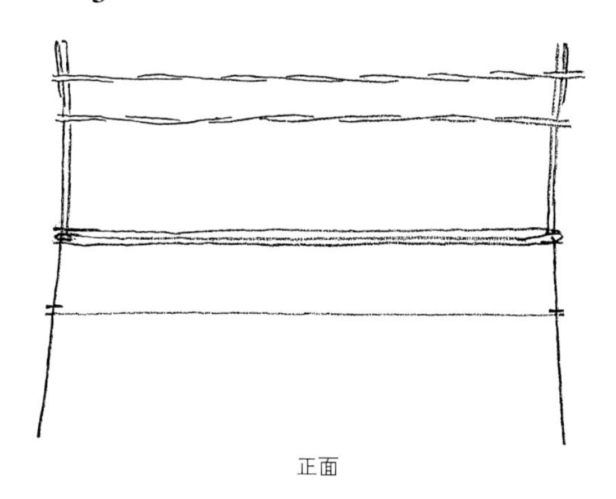

侧面　　正面

## 椅子 e （第 19 页）

材料 / 铁丝 5 根

1 依图中尺寸弯折 1 根铁丝，制作椅子的轮廓。

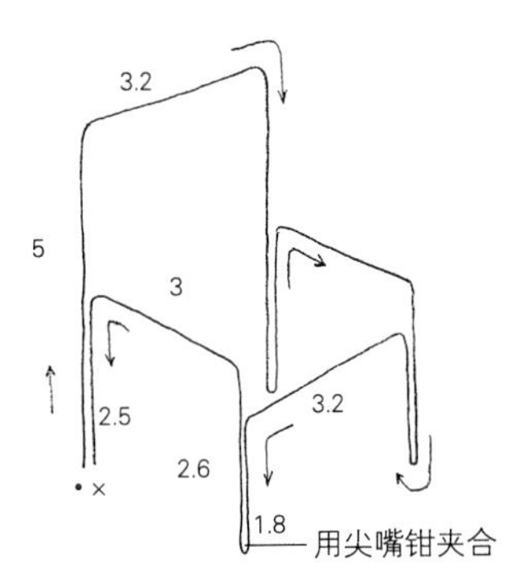


2 椅面用 2 根铁丝做 U 形固定，椅脚则用 1 根铁丝缠卷固定。

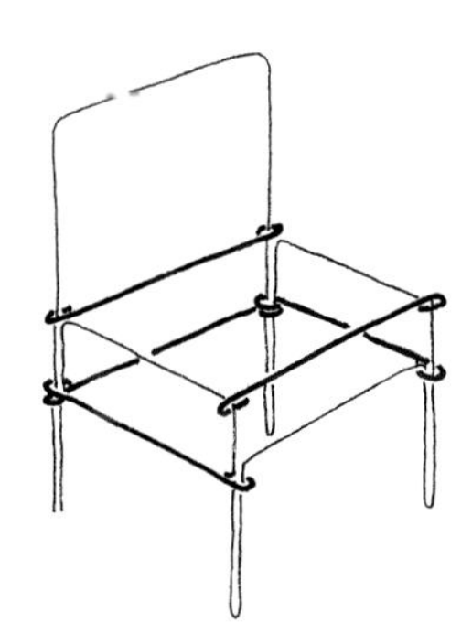

3 用 4 根 4cm 长的铁丝在椅面上纵向做 U 形固定。

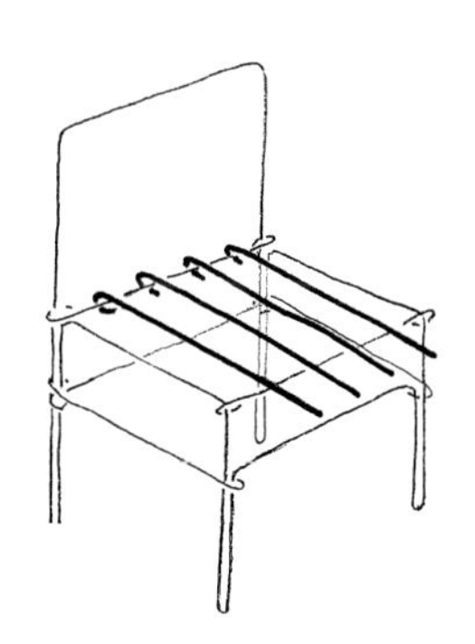

4 用 4 根铁丝横向与步骤 3 中的纵向铁丝交错编织，预留比椅面多出 0.5cm 的长度后剪断，再做 U 形固定。

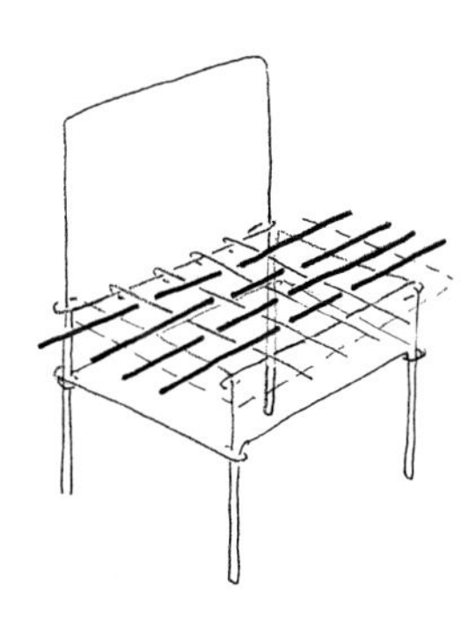

5 在椅背上用 2 根铁丝呈十字做 U 形固定。稍微弯折椅脚尖，让椅子更稳固。

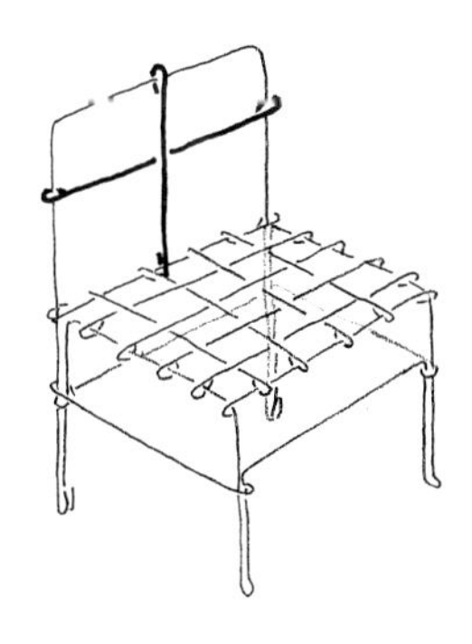

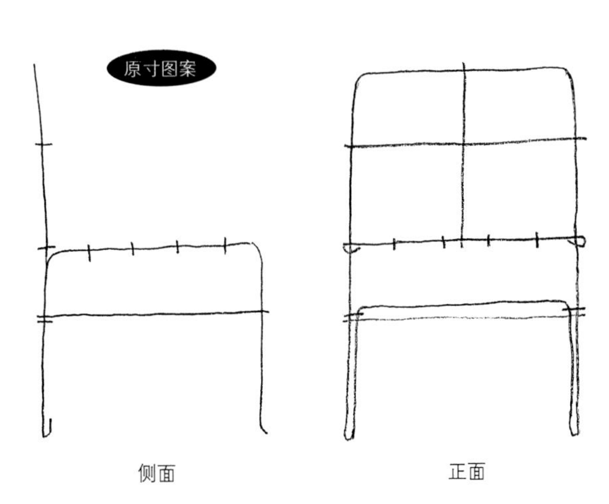

## 椅子 g （第 19、21 页）

材料 / 铁丝 3 根

1　依图中尺寸弯折 1 根铁丝，制作椅子的轮廓，并分别在铁丝头尾端做 U 形固定。

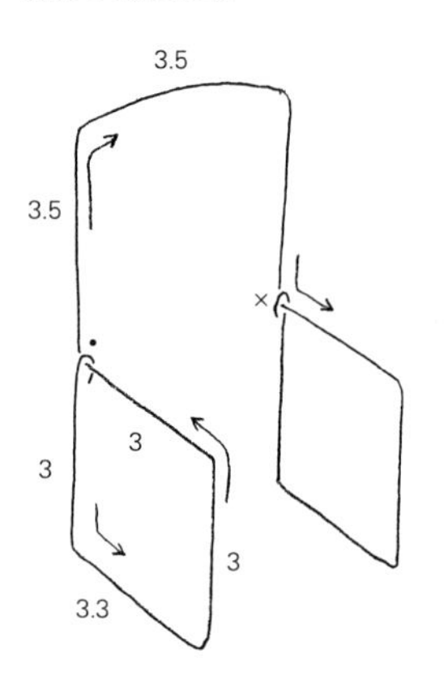


2　用 2 根铁丝在椅面前后方做 U 形固定。

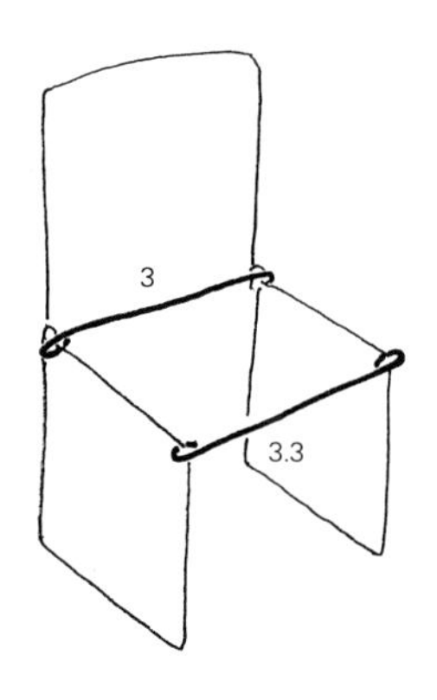


3　用 2 根铁丝在椅背做 U 形固定，如图让椅背弯出弧度。稍微拉开椅脚，用 1 根铁丝在后方做 U 形固定。

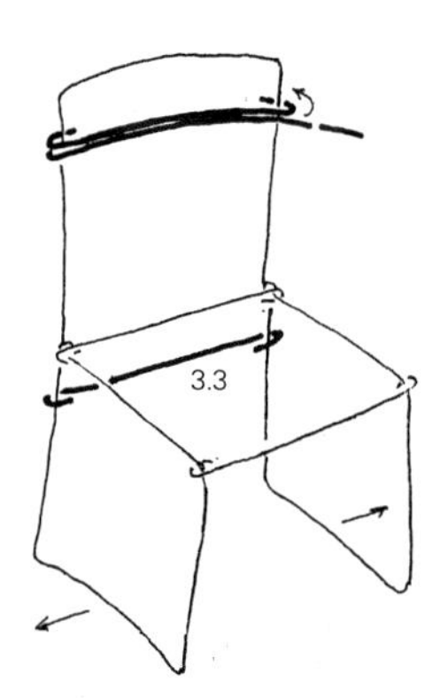


4　在椅座上用 8 根 4cm 铁丝做 U 形固定。用拇指按压座面，让它有点弧度，并将椅背稍微向后压出斜度。

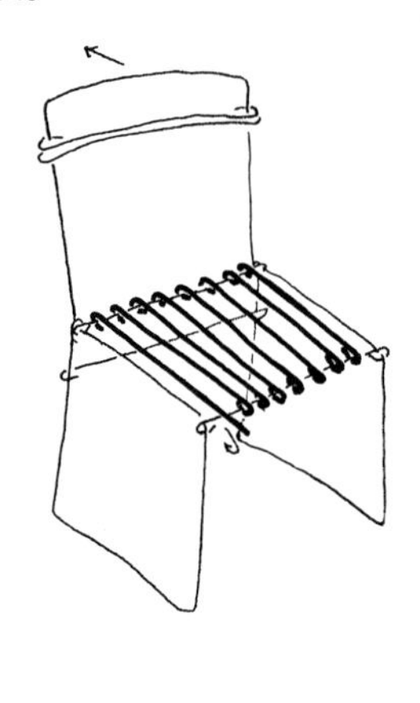

原寸图案

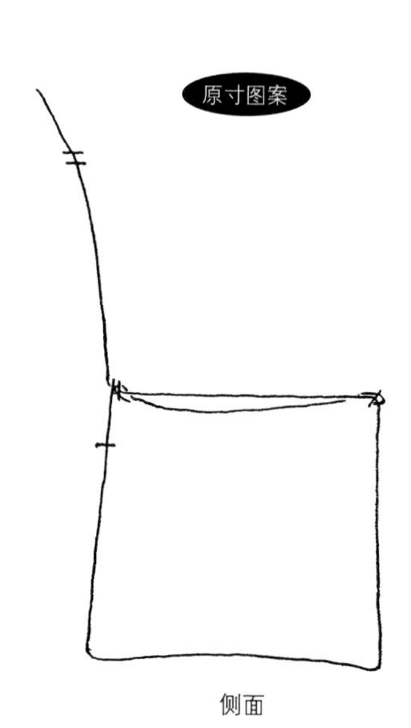

侧面

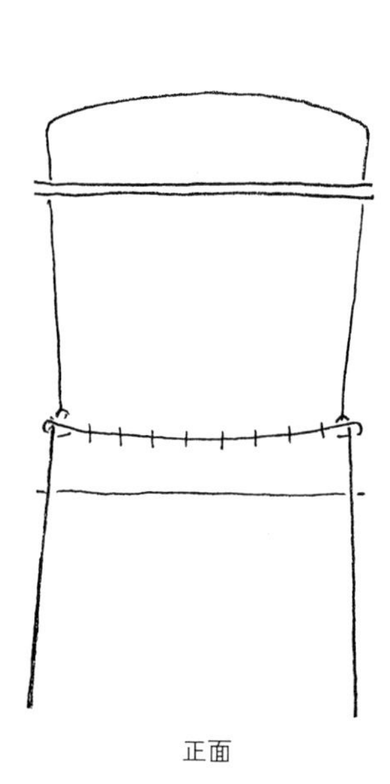

正面

## 椅子 h （第 12、19 页）

材料 / 铁丝 3 根

1 依图中尺寸弯折 1 根铁丝，制作椅子的轮廓。

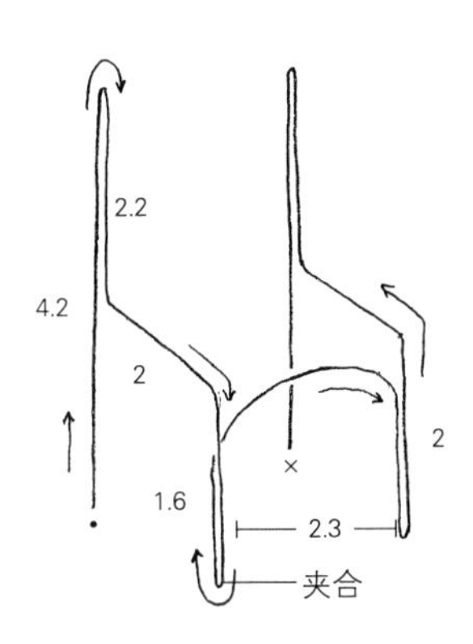


2 将椅背上方稍微拉开后，用 2 根铁丝做 U 形固定。椅面外侧也稍微拉开，并用 3 根铁丝做 U 形固定。

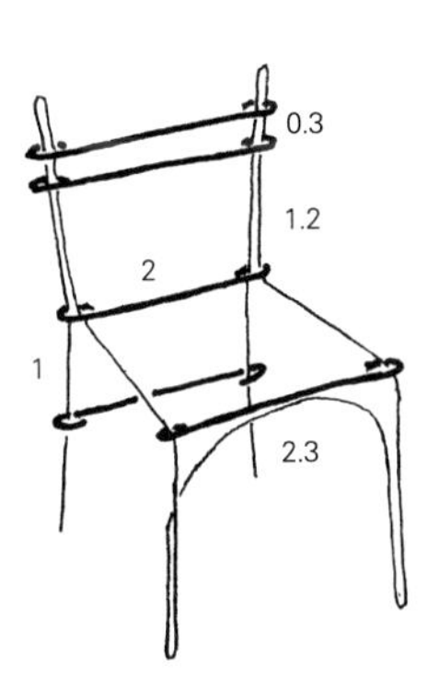


3 在椅面上用 4 根铁丝分别做 U 形固定。弯折椅脚尖，让椅子更稳固。

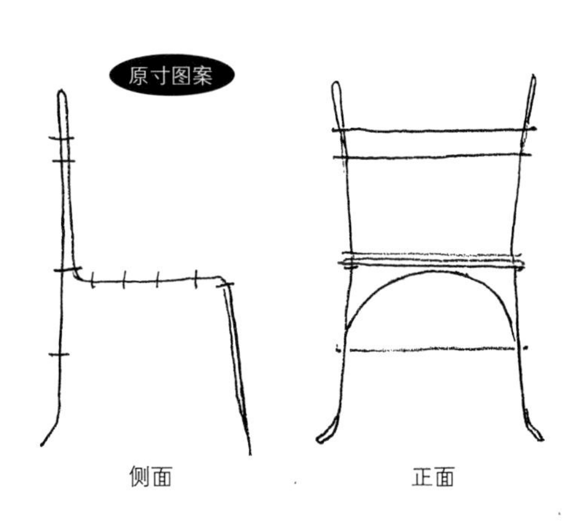

## 立方体花器 （边长 6cm，第 34 页）

材料 / 铁丝 3 根、球状玻璃瓶（直径 6cm）1 个、钓鱼线
植物 / 珍珠吊兰

1 如图，依箭头方向用 1 根铁丝先制作立方体的两个面，铁丝起点弯钩，末端缠绑一圈固定后，预留 0.5cm 再剪断。

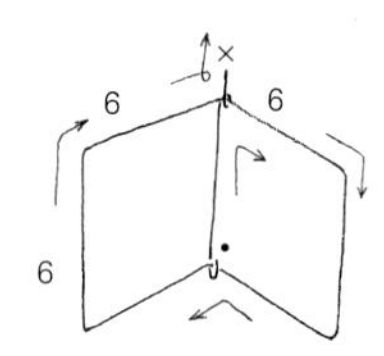


2 把预留的 0.5cm 铁丝弯成小圈环。依照下图 A、B、C 的顺序，用铁丝做 U 形固定。

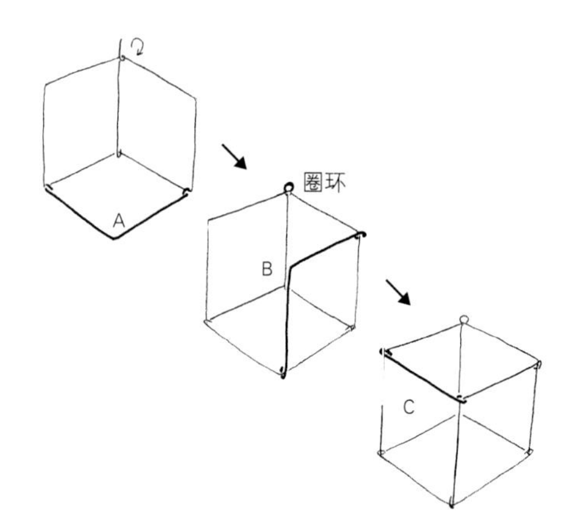


3 在每个面选一处，用 7.5cm 的铁丝斜向做 U 形固定，最上方的那面则用 5cm 的铁丝做 U 形固定，以方便取放玻璃瓶。

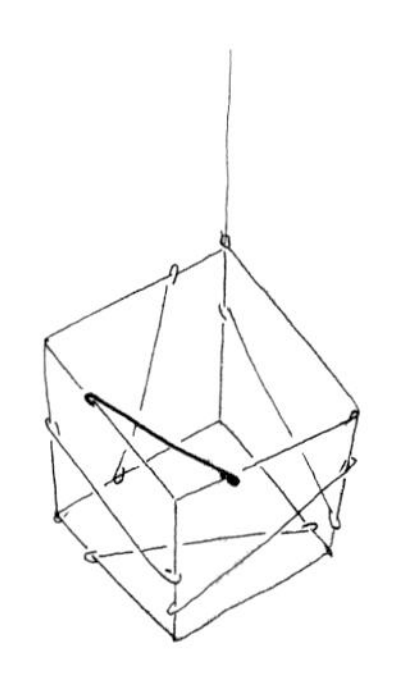

## 立方体花器 （边长 4cm，第 34 页）

材料 / 铁丝 3 根、球状玻璃瓶（直径 4cm）1 个、钓鱼线
植物 / 珍珠吊兰

1 如图，依箭头方向用 1 根铁丝制作立方体的 3 个面，铁丝起点弯钩，末端做 U 形固定。

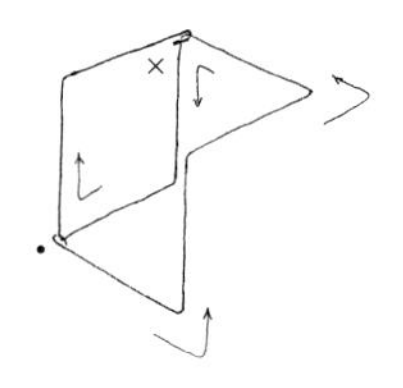

2 依照下图 A、B、C 的顺序，加上铁丝做 U 形固定。

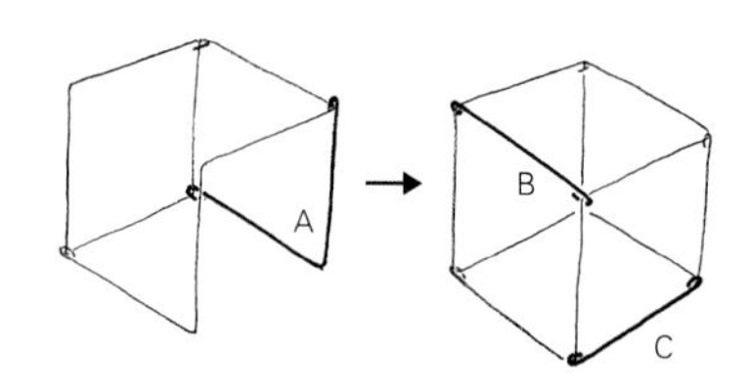


3 在每个面选一处，用 5cm 长的铁丝斜向做 U 形固定。最上方的那面用 4cm 的铁丝做 U 形固定，以方便取放玻璃瓶。

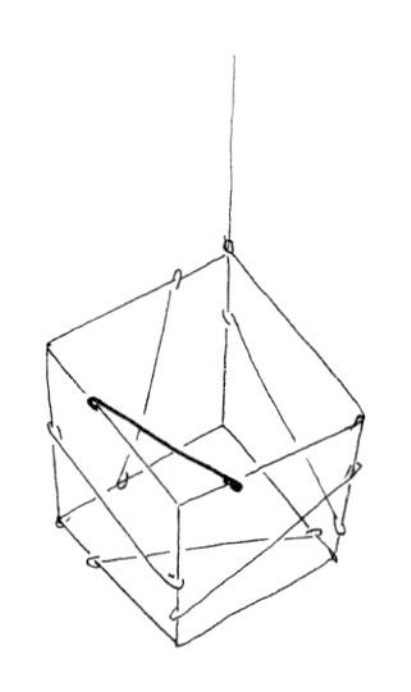

## 花盆架 a （第 22 页）

材料 / 铁丝 5 根、方形白色花盆（长 6.3cm × 宽 6.3cm × 高 5cm）1 个
植物 / 十二卷

1 请参照第 42 页《造园的技巧》来栽种植物。

2 如图所示，分别弯折出口部和底部 2 个方圈。

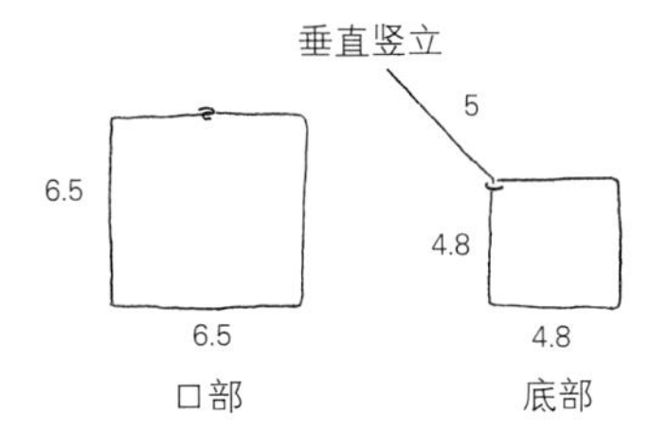


3 用小方圈剩余的铁丝在大方圈上做 U 形固定。

4 用 5.5cm 长的 3 根铁丝在其他三个角做 U 形固定。

5 用 3 根铁丝在小方圈上做 U 形固定，再用另 1 根铁丝从中横过，缠绑固定上下的方圈。

## 花盆架 b （第 22 页）

材料 / 铁丝 7 根、圆形白色花盆（直径 5.5cm × 高 5.5cm）1 个
植物 / 艳酢浆草

1 请参照第 42 页《造园的技巧》来栽种植物。

2 制作直径 7.5cm 的口部及 6cm 的底部 2 个圈环，做 U 形固定后，将小圈环剩余的 7.5cm 铁丝竖起，向外做 U 形弯钩。

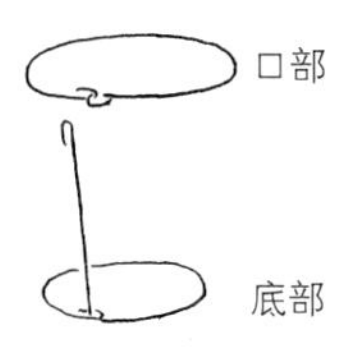


3 用步骤 2 中竖起的铁丝在大圈环上做 U 形固定，另外用 3 根铁丝在小圈环上做 U 形固定。

4 如图所示，用 7 根铁丝以 U 形固定连接口部及底部；口部的弯钩朝外，底部的弯钩朝内。

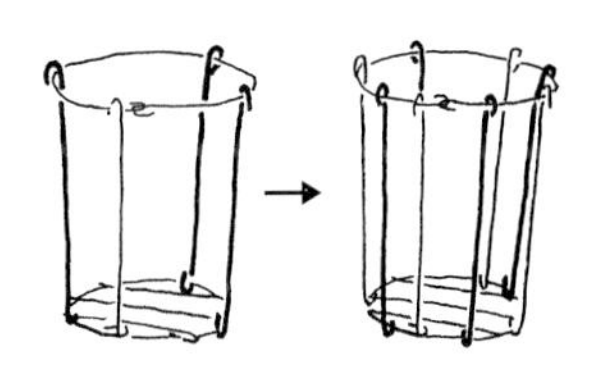

5 用尖嘴钳夹住口部的铁丝，如图所示进行弯折。

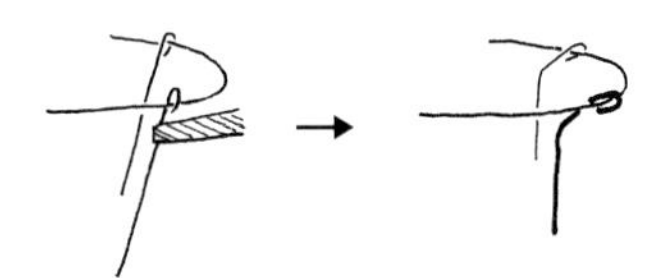

6 请参照第 50 页制作小青蛙，将它缠绑固定在口部。

※ 第 22、23 页上没有给出做法的作品，只是配合花盆改变了尺寸和铁丝的数量而已。

# 画布型花器 （第 35 页）

纸型 / 第 83 页

材料 / 铁丝 3 根、亚麻画布（20cm×20cm）1 张、牙签 1 根、试管（直径 1cm× 高 9cm）1 根

花 / 宫灯百合

**1** 如图将铁丝一端弯成直径约 1cm 的椭圆圈，做 U 形固定后制成叶片。

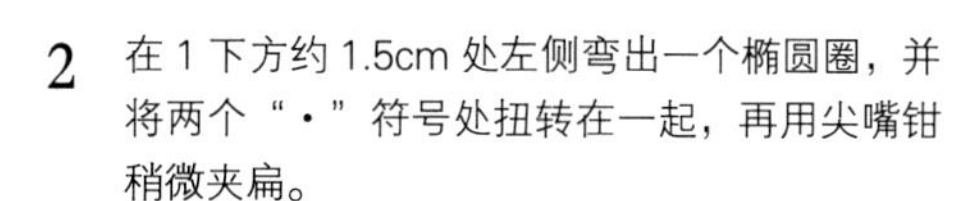

**2** 在 1 下方约 1.5cm 处左侧弯出一个椭圆圈，并将两个“·”符号处扭转在一起，再用尖嘴钳稍微夹扁。

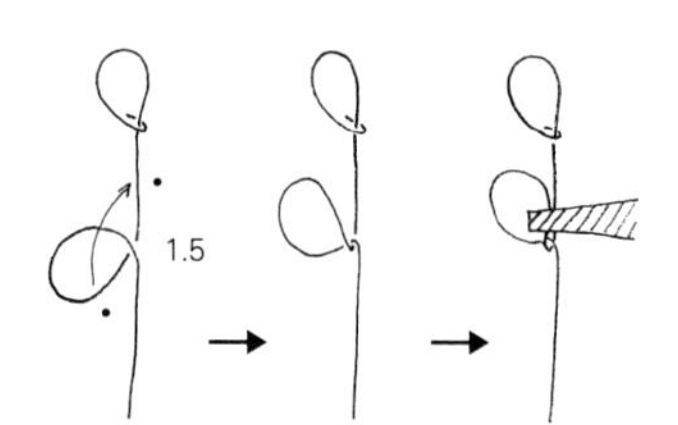


**3** 如此左右交错地制作出 5 个叶片。

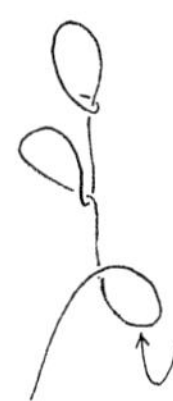

**4** 如图所示，分别制作 A、B、C 三根树枝。将架放试管的圈环弯至与画布成直角。

A. 制作 5 个叶片，预留 3.5cm 的长度后在试管上缠绕 2 圈，如图在 2cm 处交叉缠绑固定。

B. 制作 9 个叶片后，缠绑在 A 树枝上。

C. 在开始制作叶片处预留 2cm 的铁丝。制作 7 个叶片，再缠绑在 A 树枝上。

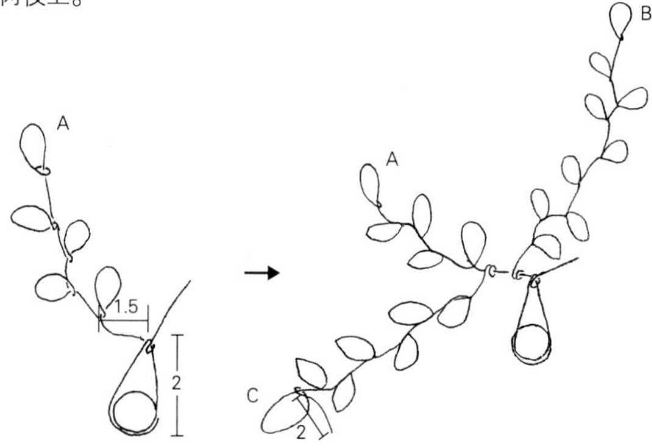


**5** 依图标的位置在画布上钻孔，将 A 的末端和 C 预留的铁丝插入画布。将背面的铁丝压平后，缠卷在剪成一半的牙签上予以固定。

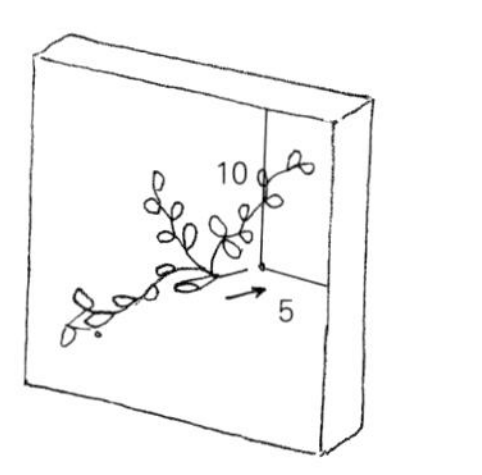


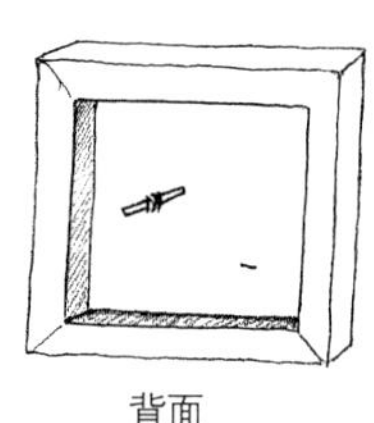

背面

**6** 将叶子一一弯出弧度，使构图更加生动。

## 单花花架 a、b （第 32、33 页）

纸型 / 第 83 页

材料 / 铁丝各 1 根、试管（直径 1cm × 高 9cm）1 根

花 / 白花三叶草

1 用尖嘴钳前端夹住铁丝旋转成旋涡。参照第 83 页的图案制作圈环，拧转其根部，再用尖嘴钳夹合制成叶片。

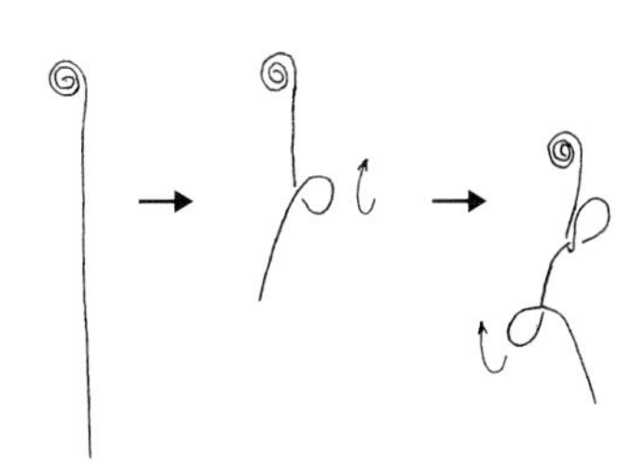

2 分别制作有 5 个及 3 个叶片的两款（a、b）树枝，将铁丝在试管口缠绕 2 圈，在 2.5cm 处交叉缠绑固定。

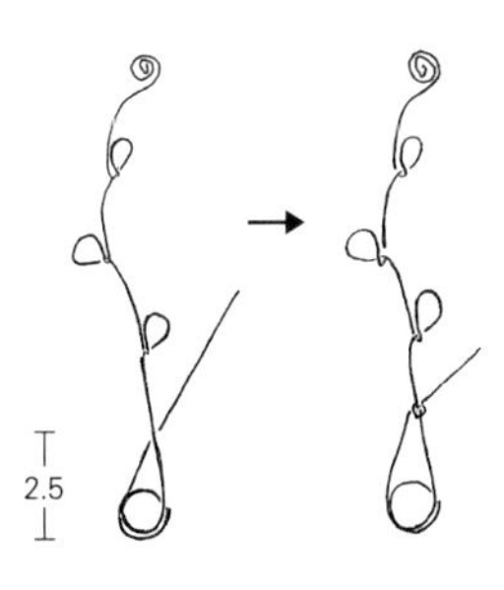


3 剩余的铁丝可继续制作叶片和旋涡作为分枝，最后用尖嘴钳将树枝与架试管的圈环弯成直角。

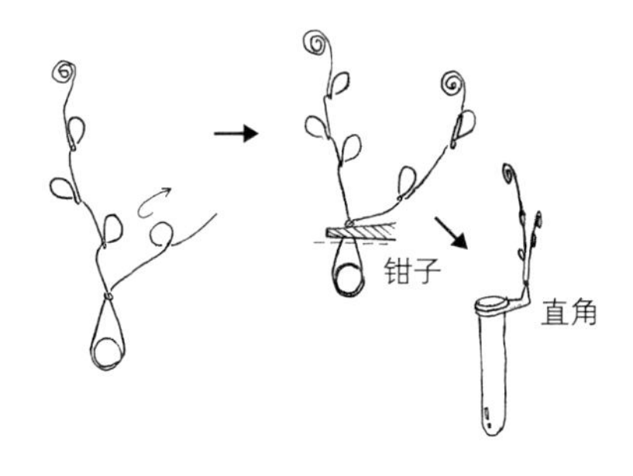


## 单花花架 c （第 32 页）

材料 / 铁丝 3 根、试管（直径 1.5cm × 高 15cm）1 根

花 / 白花三叶草

1 将前端做 U 形弯钩的铁丝弯折成三角形，末端竖直。

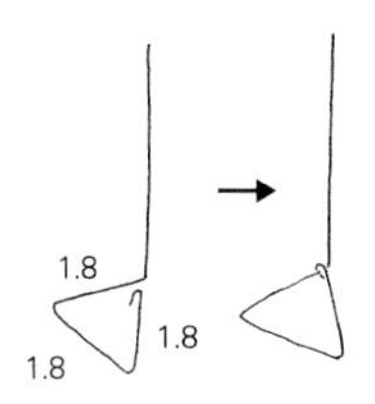


2 铁丝在 14cm 处弯折成直角，缠卷在马克笔上 2 圈制作直径 2cm 的圈环。

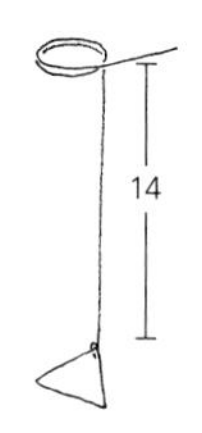


3 将 26cm 的铁丝如图所示般弯折，并缠绑固定在步骤 2 中的圈环上。

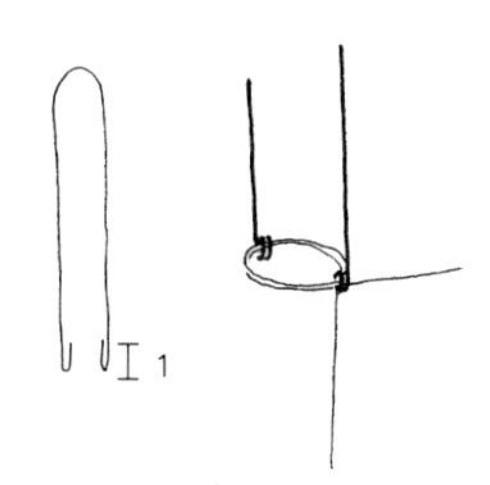


4 用 2 根 15cm 的铁丝在三角形的角上分别做 U 形固定，铁丝另一端则分别在圈环上等距做 U 形固定。

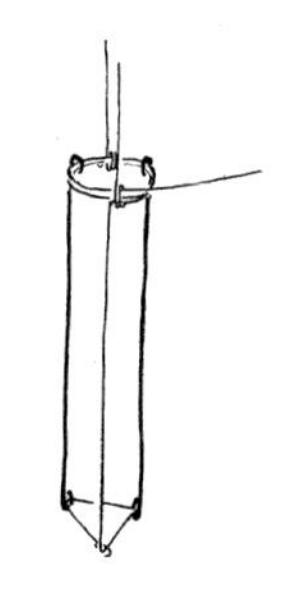

5 将做圈环多出的铁丝修剪成 5cm 长，再如图般弯折。

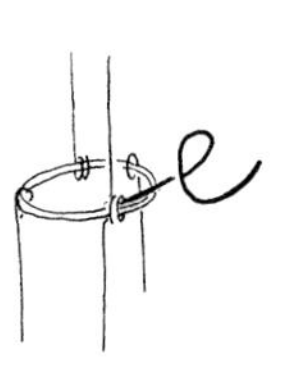

※ 第 32、33 页上没有给出做法的作品，只是改变了叶片数量和旋涡的造型而已。

## 单花花架 d （第 33 页）

材料／铁丝 5 根、试管（直径 2cm × 高 15cm）1 根
花／白花三叶草

1 将 3 根 U 形铁丝的两端分别剪断 2cm，向外做 U 形弯钩。

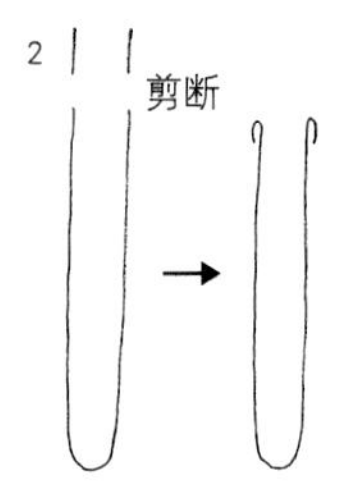


2 将剪成 12cm 长的铁丝在瓶上绕制成圈环。如图将两端朝圈环内侧和朝下做 U 形弯钩，弯钩互钩后夹合固定。

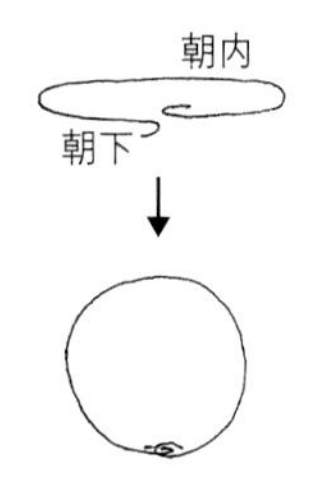


3 在步骤 2 中的圈环上用步骤 1 中的铁丝等距做 U 形固定。铁丝交叉处用 5cm 长的铁丝缠绑固定，末端弯出造型。

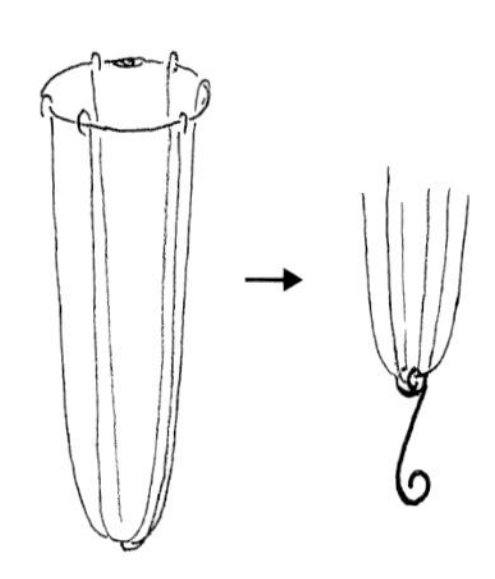

4 将 1 根铁丝交叉后拉开，形成直径 0.5cm 的圈环，如图所示般弯折后剪断。

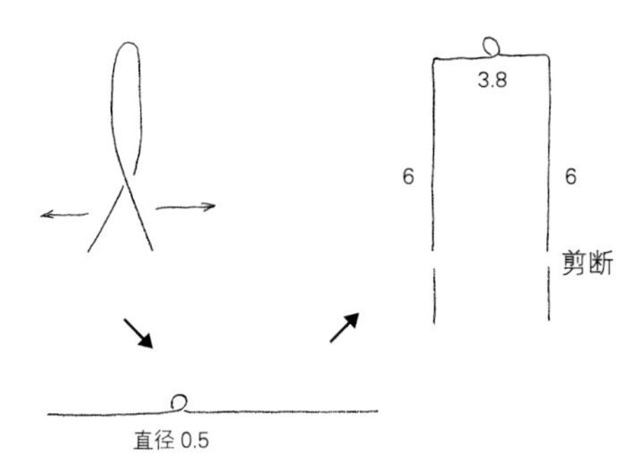


5 将步骤 3 中做好的花器与步骤 4 中的铁丝做 U 形固定。如图在圈环下方将 6 根铁丝夹出角度（为了让试管放置更稳固）。

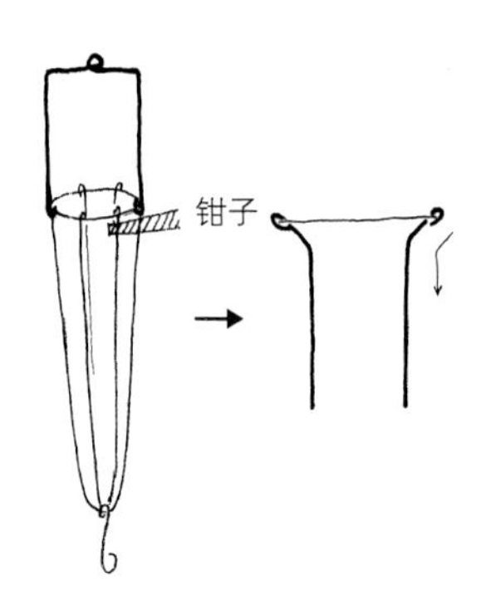

## 单花花架 e （第 33 页）

材料 / 铁丝 1 根、球状玻璃瓶（直径 4cm）1 个
花 / 白花三叶草

1 将 1 根铁丝在 13.5cm 处弯折，再缠绕到瓶上制成圈环，做 U 形固定。

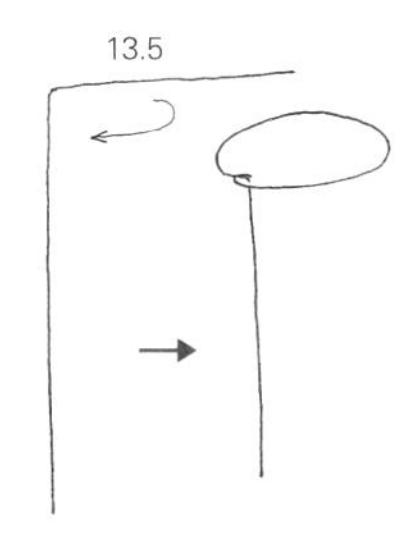


2 在 8cm 处先弯成直角，再把直角处挂到 A 点。

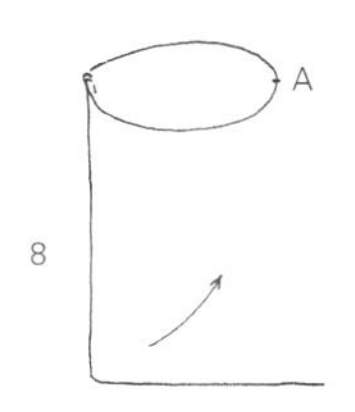


3 铁丝在 A 处缠绕一圈，用尖嘴钳夹合固定在圈环上。

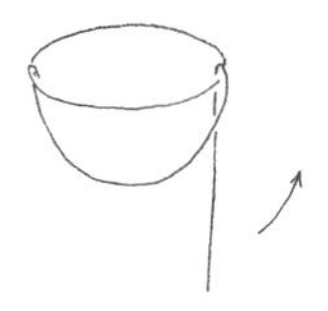

4 剩下的铁丝剪成 10cm，在前端 3cm 处弯折成圈环以 U 形固定。

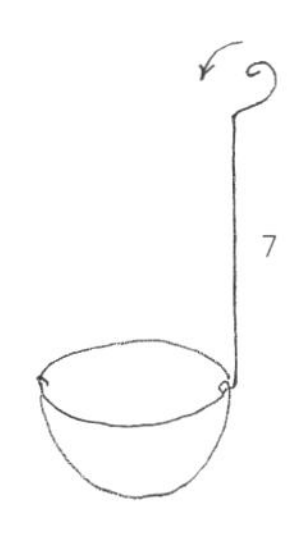


## 背板的做法 （第 36~40 页）

材料 / 0.55cm 厚的三合板、方形角材（1.2cm × 1.8cm）、白色水性涂料、木工用白胶、螺栓、铁丝

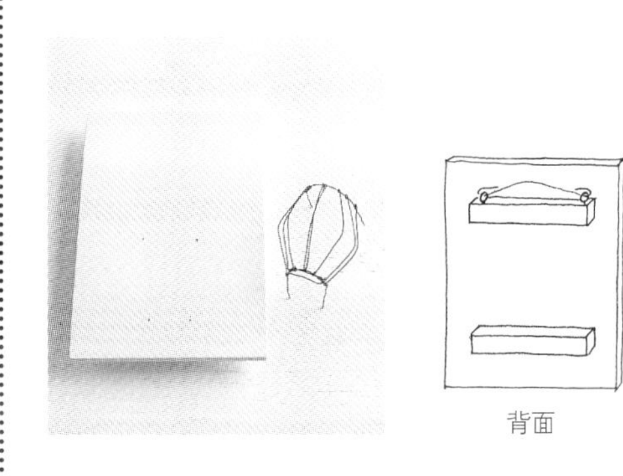


1 依照尺寸图（第 74~79 页的做法）裁切板子（板纹呈纵向）和角材。

2 以木工用白胶将角材粘贴在背板尺寸图的位置上。

3 将涂料加水稀释后在背板上薄薄地涂一层，让板纹仍依稀可见（先涂背面，干燥后再依序涂侧面、正面，完全干燥后即完成漂亮的背板）。

4 在距离角材两端 1cm 处用锥子各钻 1 个孔，安上螺栓。

5 依尺寸图的位置用锥子钻孔，将花架的铁丝插入孔中，从背面固定。

6 在背面绑上铁丝作为吊绳。

## 背板型花器 a~g （第 36 页）

纸型 / 第 80、81 页

材料 / 铁丝 5 根、三合板（16cm×11cm）1 片、7cm 长角材 2 根、白色水性涂料、木工用白胶、螺栓

植物 / 气生植物

背板型花器 a 的做法

1 依照图案弯折口、底部的 2 根铁丝，以及主体的 8 根铁丝。先将 2 根铁丝在口部和底部做 U 形固定，再用 1 根铁丝横跨底部做 U 形固定。

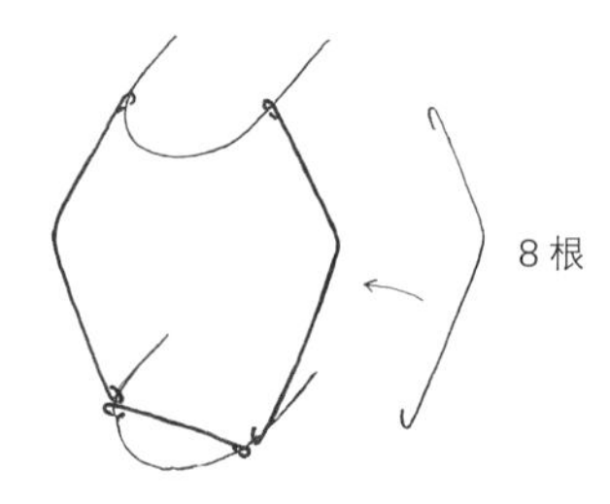


2 依照正面图，剩余的 6 根铁丝也做 U 形固定。

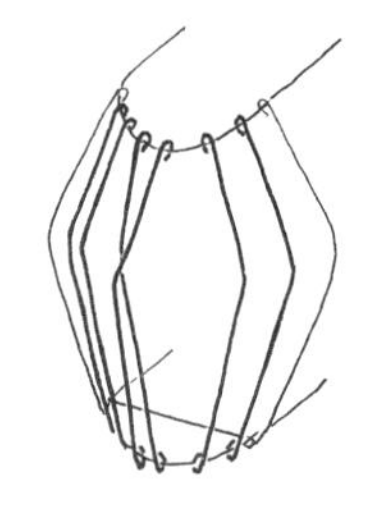

3 请参照第 73 页制作背板。

※ b~g 也以相同方式制作。完成后将外形稍微弄歪一些，使造型更加生动。

※ 在 b 背板右半部以及 f 背板下半部涂上混合沙子的涂料，以呈现独特的风格。

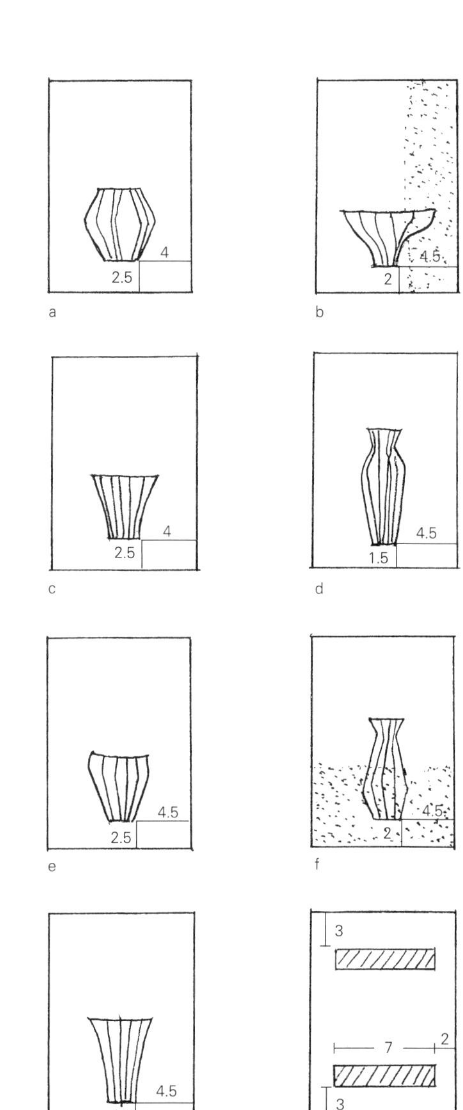

## 背板型花器 h （第 37 页）

纸型 / 第 81 页
材料 / 铁丝 20 根、三合板（25cm×27cm）1 片、20cm 长角材 2 根、试管（直径 2cm× 高 15cm）1 根、白色水性涂料、木工用白胶、螺栓

1 如图对折 1 根铁丝，中间留 0.7cm 宽，先用一根铁丝在上面做 U 形固定，再用另一根在上面做 Z 字缠卷。

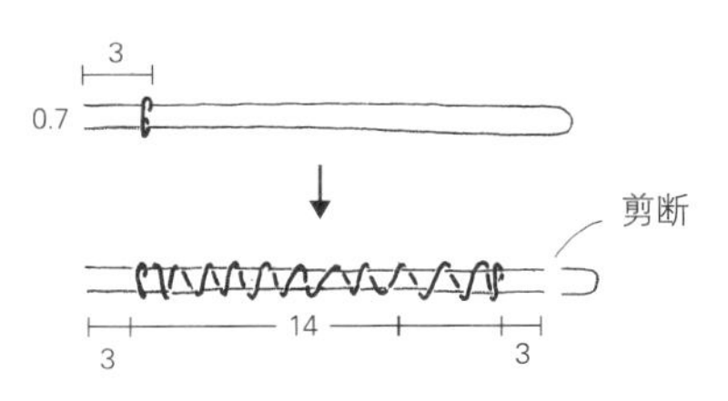


2 依口部图案弯折铁丝，用 2 根 16cm 长的铁丝在步骤 1 中的底座上分别做 U 形固定。

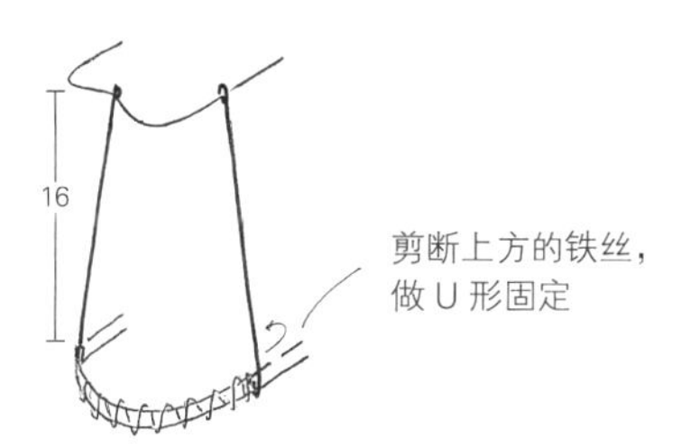


3 依底部图案用 4 根铁丝在底部横向做 U 形固定。

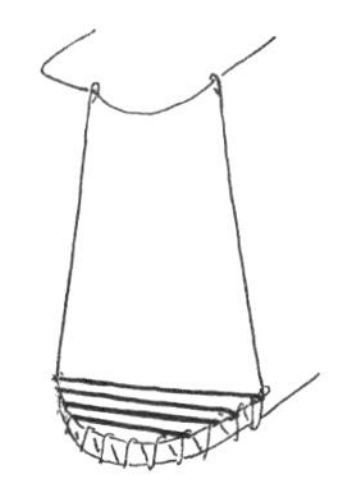

4 如图用 10 根 15cm 长的铁丝纵向做 U 形固定。

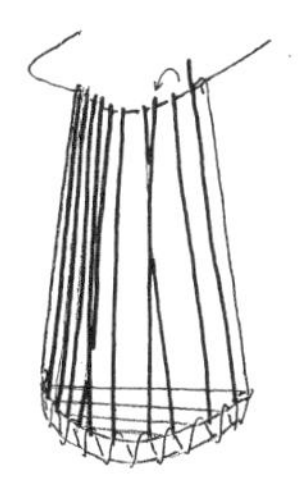

5 制作握把。1 根铁丝对折后缠绕上另一根铁丝，剪成 14cm 后如图般弯折。

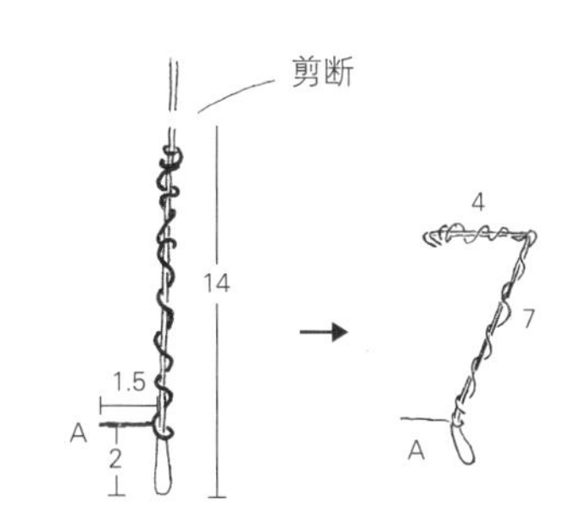


6 在壶口虚线处用钳子夹出内凹的角度。握把上方做 U 形固定，下方用 A 的铁丝缠绑固定。壶嘴用剪成 5cm 长的铁丝做 U 形固定，前端往上抬 1cm。

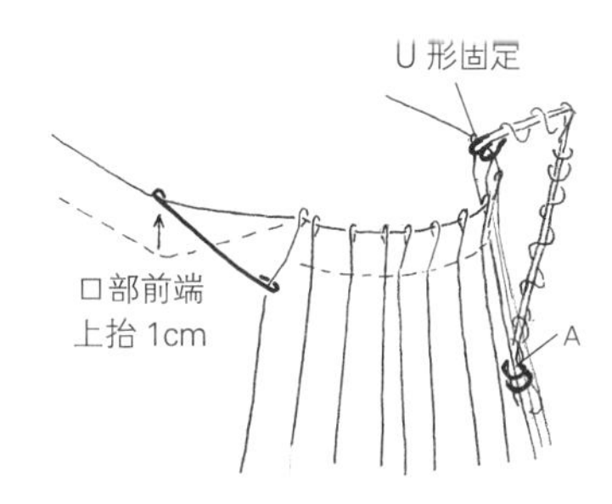


7 参照第 73 页制作背板，即完成作品。

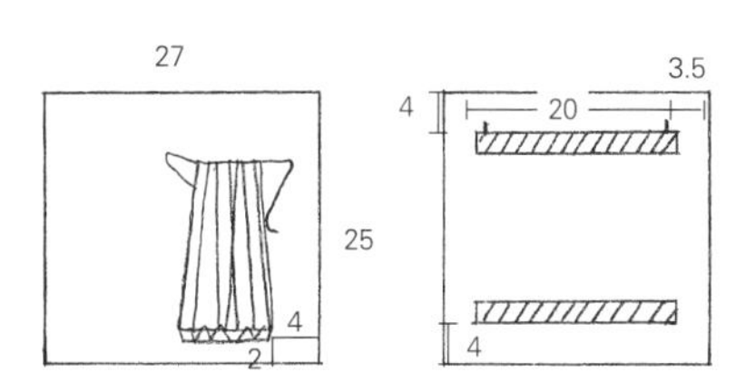

## 背板型花器 i （第 37 页）

纸型／第 82 页

材料／铁丝 17 根、三合板（40cm×40cm）1 片、30cm 长角材 2 根、试管（直径 1.8cm× 高 18cm）1 根、白色水性涂料、木工用白胶、螺栓

花／光滑菝葜

1 将 1 根铁丝松松地扭转，依口部图弯折。另一根铁丝依底部图弯折。

2 依侧面图用 12 根铁丝制作外形。先用 3 根在口部和底部的铁丝上做 U 形固定，再完成剩下的 9 根。如图用 1 根铁丝横跨底部，做 U 形固定。

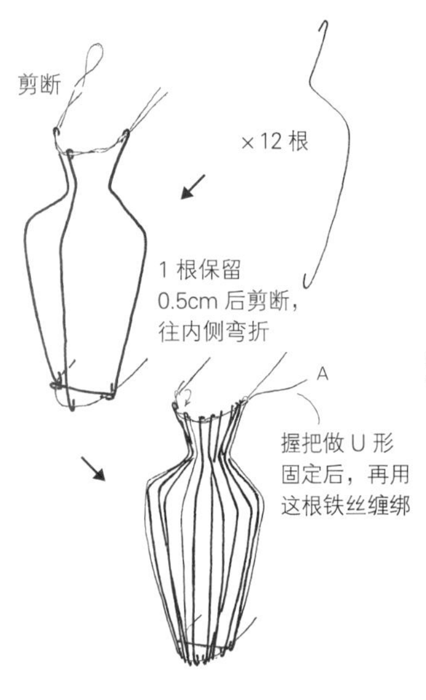


3 对折 27cm 长的铁丝，在 2 根铁丝中间用 14cm 的铁丝做 U 形固定。中段用 10cm 的铁丝松松地缠绕，再弯成握把。

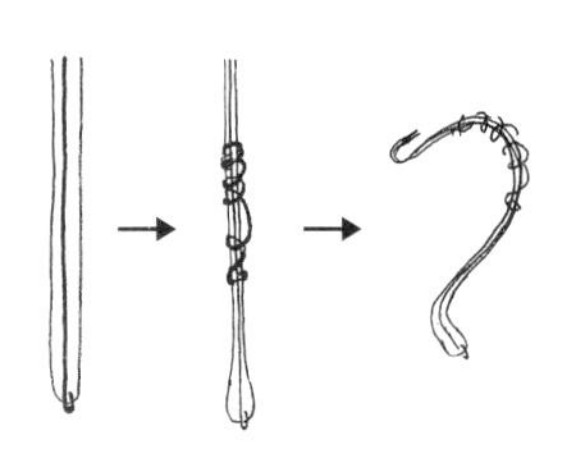

4 底部再横跨 1 根铁丝做 U 形固定。握把以 U 形固定主体后，再用 A 缠绕。下方用 3cm 的铁丝缠绕 2 圈固定。口部前端向上拉高 1cm。

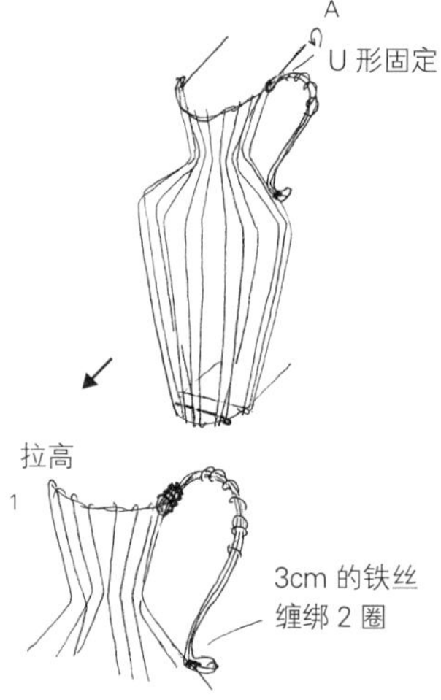


5 参照第 73 页制作背板，即完成作品。

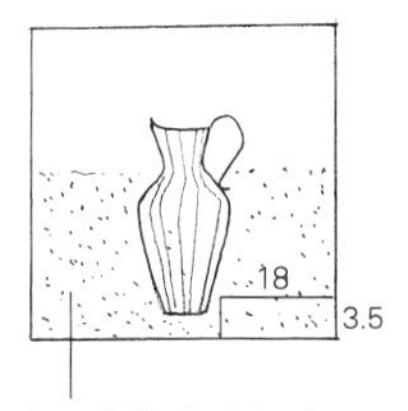


在下半部涂上混合沙子的涂料

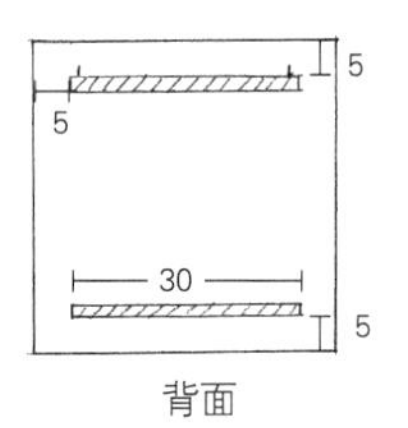


背面

## 背板型花器 j （第 37 页）

纸型／第 82 页

材料／铁丝 7 根、三合板（21cm×16cm）1 片、10cm 长角材 2 根、试管（直径 1cm× 高 9cm）1 根、白色水性涂料、木工用白胶、螺栓

1 依图弯折口、底部的 2 根铁丝。依侧面图用 7 根铁丝制作外形，其中 3 根先在口部和底部做 U 形固定。如底部图用 1 根铁丝横跨底部，做 U 形固定。

2 照正面图用剩余的 4 根铁丝在其间做 U 形固定，底部再用 1 根铁丝做 U 形固定。

3 如侧面图弯折 20cm 的铁丝，做 U 形固定在主体上。

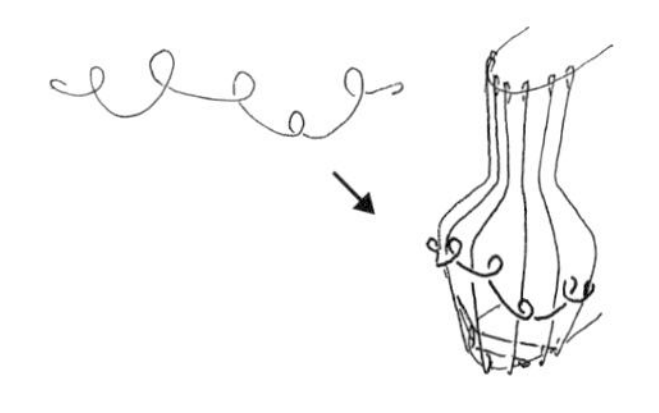

4 请参照第 73 页制作背板，即完成作品。

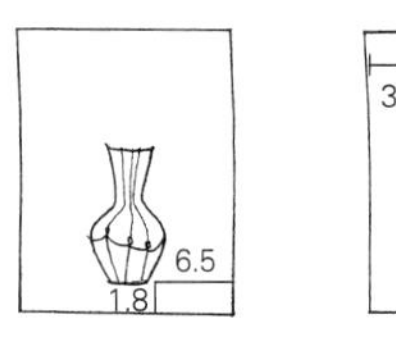


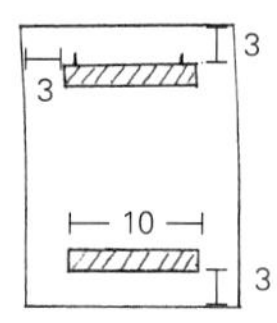


背面

# 背板型花器 k （第 38 页）

纸型 / 第 82 页

材料 / 铁丝 17 根、三合板（30cm × 60cm）1 片、20cm 长角材 2 根、试管（直径 1cm × 高 9cm）5 根、白色水性涂料、木工用白胶、螺栓

花 / 洋桔梗、圣诞玫瑰、蝴蝶戏珠花、矾根、紫花猫薄荷、薜荔

1　将 1 根 26cm 的铁丝和 4 根 22cm 的铁丝并排，用胶带暂时黏合后，在距离两侧 1cm 处各用 20cm 的铁丝缠绑固定。

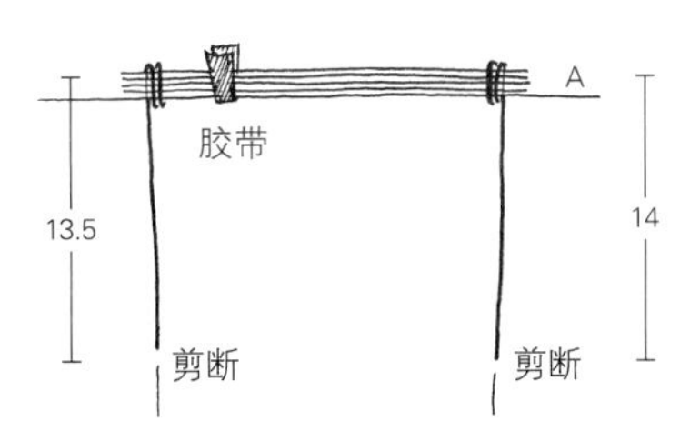


2　如图将 1 根铁丝折三折制成底部，用步骤 1 中竖直的铁丝分别缠绑固定。再用另一根铁丝在中央做 U 形固定。

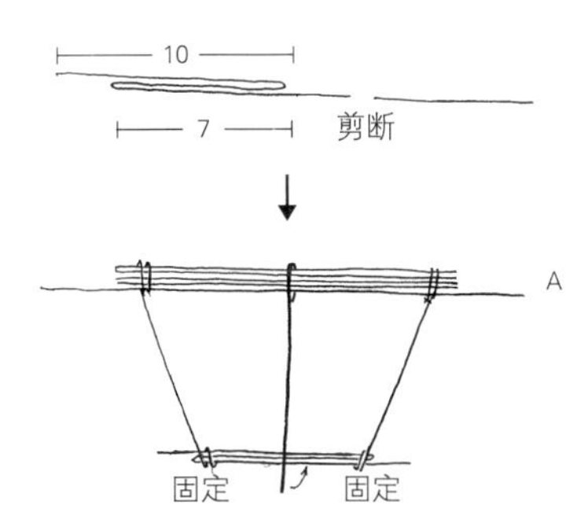


3　将上排 4 根短铁丝两端向内收折，再如图般弯出弧度，在底部横跨 2 根铁丝做 U 形固定。

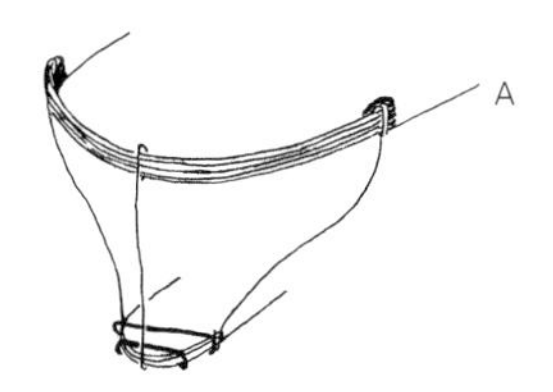


4　用 1 根对折铁丝在底部做 U 形固定，参照侧面图弯出弧度。将口部铁丝展开些，剪掉多余的铁丝，分别做 U 形固定。其余的 6 根铁丝也同样做 U 形固定。

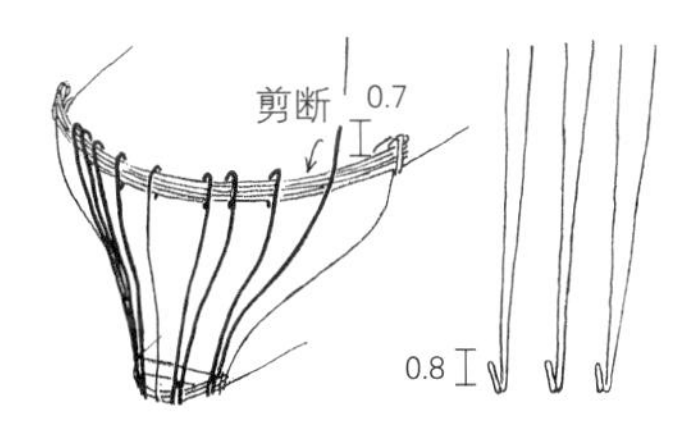


5　如图制作支撑试管架。将 1 根铁丝缠卷在试管上，弯出圆弧造型，以 U 形固定在步骤 4 中花器的两端（参照第 31 页的图片）。

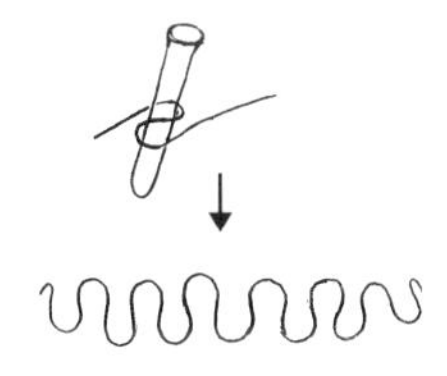

6　请参照第 73 页制作背板，即完成作品。

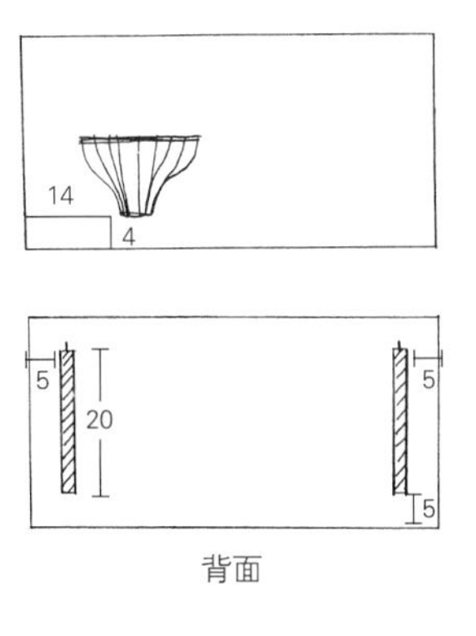

背面

# 背板型花器 I （第 39 页）

纸型 / 第 82 页
材料 / 铁丝 36 根、三合板（40cm×40cm）1 片、30cm 长角材 2 根、试管（直径 1.5cm×高 20cm）3 根、试管（直径 1.2cm× 高 12cm）1 根、白色水性涂料、木工用白胶、螺栓
花 / 香树、纽扣藤

1 对折 1 根铁丝，前端夹合后，在 0.2cm 处反折并且再夹合一次，如图做出小凸点。请参照正面图案，对齐 4 根铁丝的小凸点，剪成 21cm 长，一端做 U 形弯钩 A。

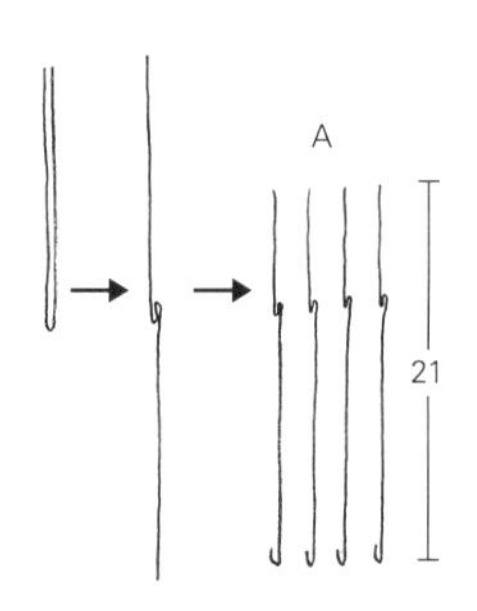


2 依照图案将 2 根铁丝弯成口部，1 根弯成底部。在 21cm 长的 5 根铁丝 B 两端做 U 形弯钩，平均 U 形固定在口和底部。底部再用 2 根铁丝横向做 U 形固定。

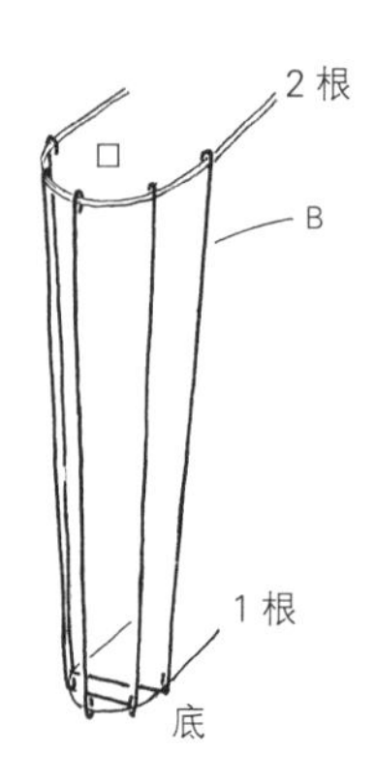


3 口部的其中 1 根铁丝保留 0.5cm 后剪断，往内收折（另 1 根要插入合板中，勿弯折）。

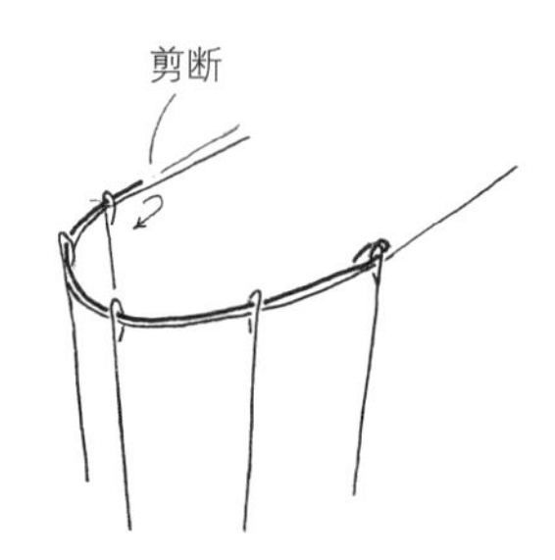


4 将步骤 1 中的 A 铁丝在 B 之间等距做 U 形固定。

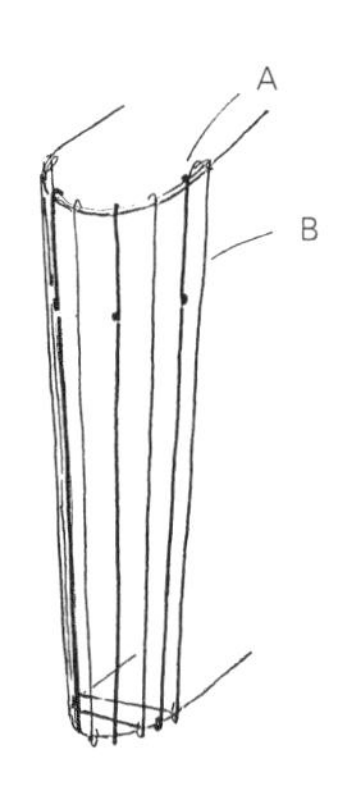


5 以相同方式制作剩余的 2 个花器，请参照第 73 页制作背板，即完成作品。

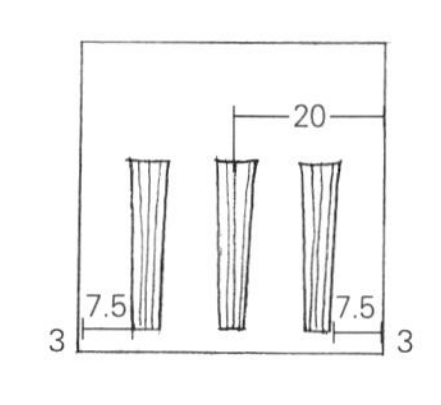


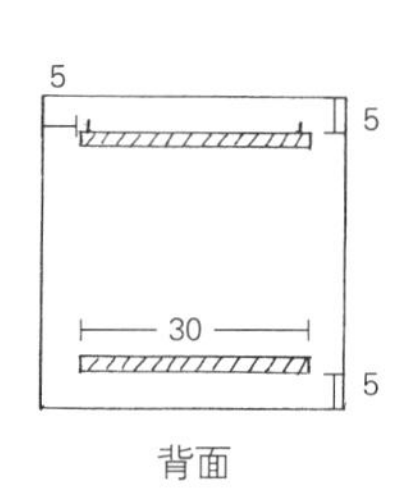


背面

# 背板型花器 m （第 39 页）

纸型 / 第 83 页
材料 / 铁丝 14 根、三合板（70cm × 16cm）1 片、10cm 长角材 2 根、玻璃瓶 2 个、白色水性涂料、木工用白胶、螺栓
花 / 乌臼、榛木、鹿藿、树木果实

1 依照图案弯折 2 根铁丝。将 4 根 6cm 长的铁丝在口部和底部做 U 形固定。

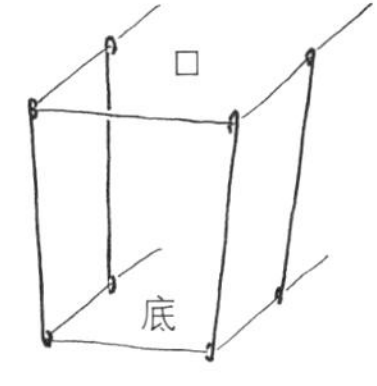


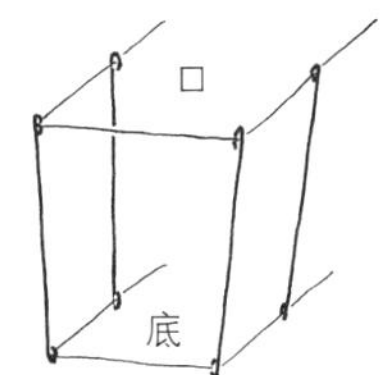

2 将步骤 1 中的框架上下颠倒，将对折的铁丝穿入底部。用 B 端缠绑固定后，拉至口部做 U 形固定。

3 铁丝 A 端配合底长弯折。如图弯折后，在边角缠绑夹合固定，再拉至口部做 U 形固定。

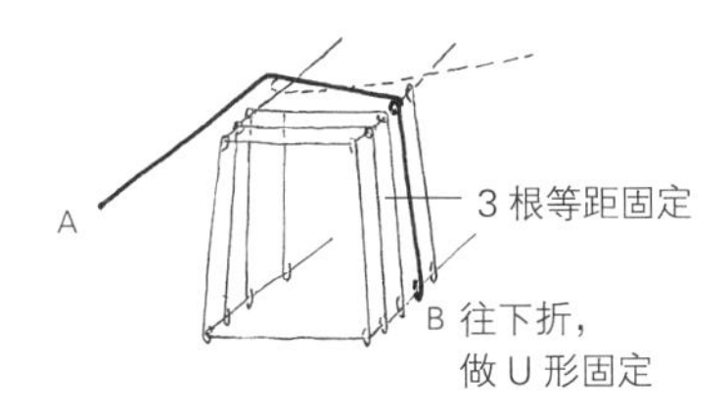


4 前方用 3 根铁丝等距做 U 形固定。

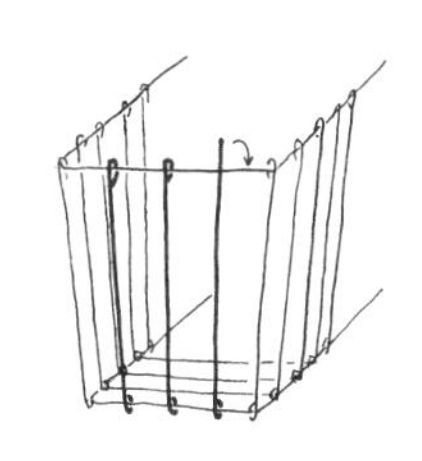

5 以相同做法再制作 1 个花器，请参照第 73 页制作背板，即完成作品。

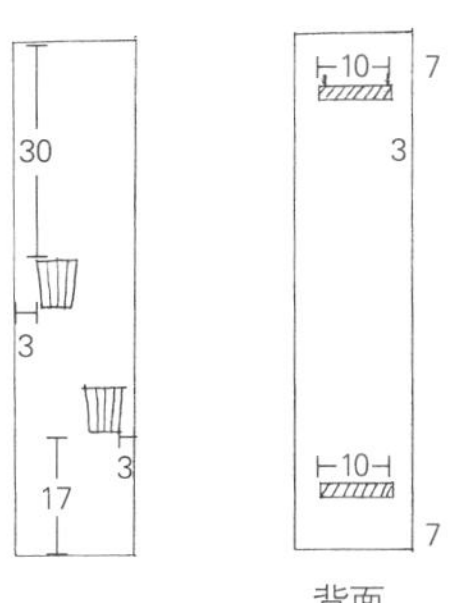


# 背板型花器 n （第 40 页）

纸型 / 第 83 页
材料 / 铁丝 9 根、三合板（45cm × 12cm）1 片、8cm 长角材 2 根、试管（直径 1.5cm × 高 18cm）1 根、白色水性涂料、木工用白胶、螺栓
花 / 姜黄

1 依照图案弯折 2 根铁丝，并用 8 根铁丝制作外形。先用 3 根在口部和底部做 U 形固定，底部再用 1 根铁丝横向做 U 形固定。

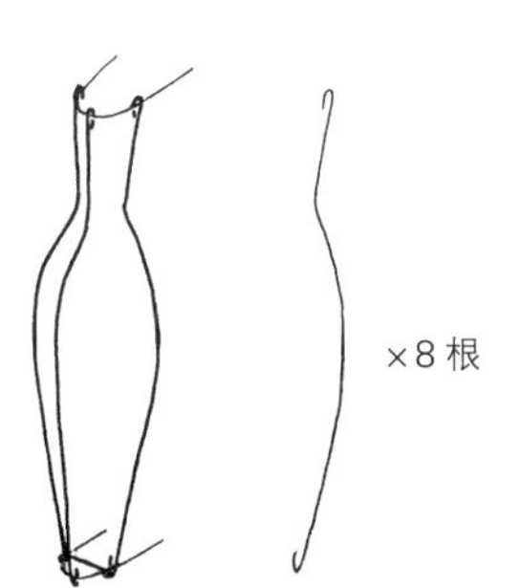


2 参照图案用剩余的 5 根铁丝在主体做 U 形固定。底部再用 1 根铁丝做 U 形固定。

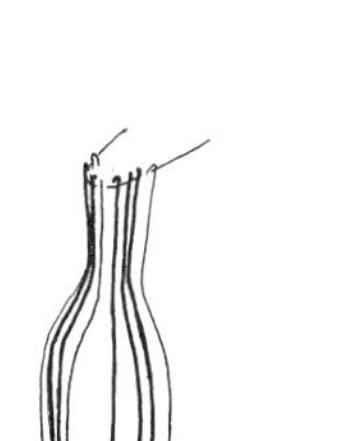

3 参照第 73 页制作背板，即完成作品。

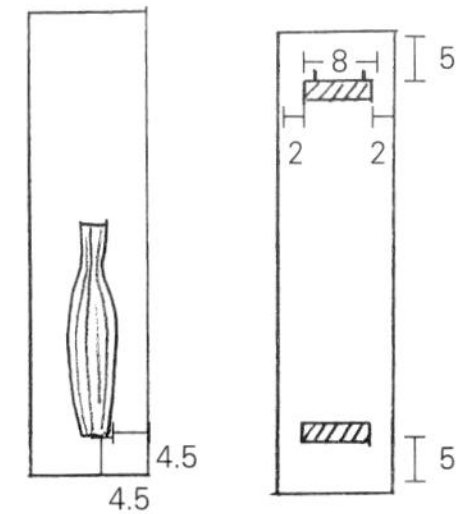

# 花器纸型

缩小图 ＊虚线表示背板位置

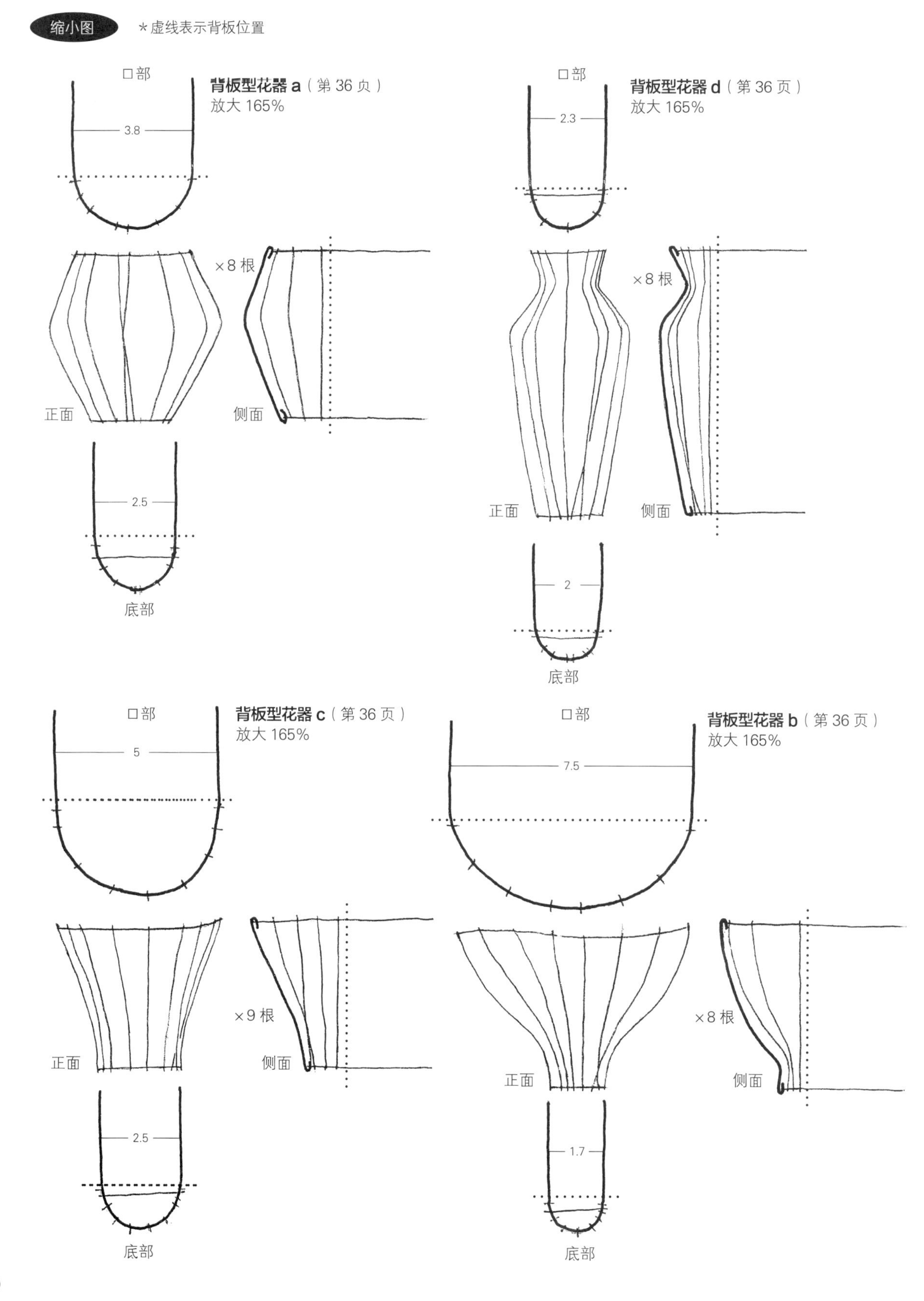

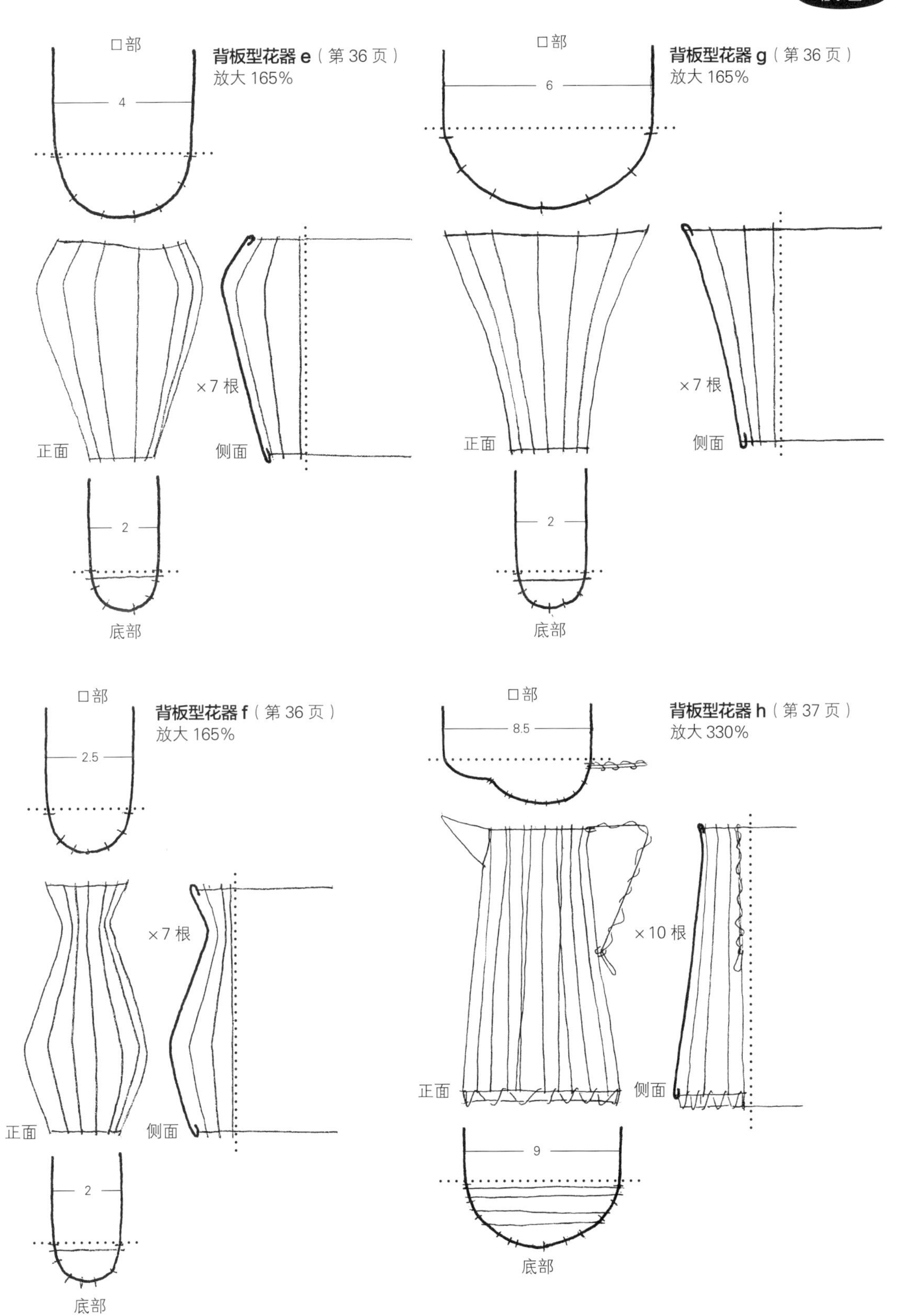
口部
背板型花器 e（第 36 页）
放大 165%
4
×7 根
正面
侧面
2
底部
口部
背板型花器 g（第 36 页）
放大 165%
6
×7 根
正面
侧面
2
底部
口部
背板型花器 f（第 36 页）
放大 165%
2.5
×7 根
正面
侧面
2
底部
口部
背板型花器 h（第 37 页）
放大 330%
8.5
×10 根
正面
侧面
9
底部

缩小图 ＊虚线表示背板位置。若是作品的侧面图未标示铁丝根数，则请参照做法页。

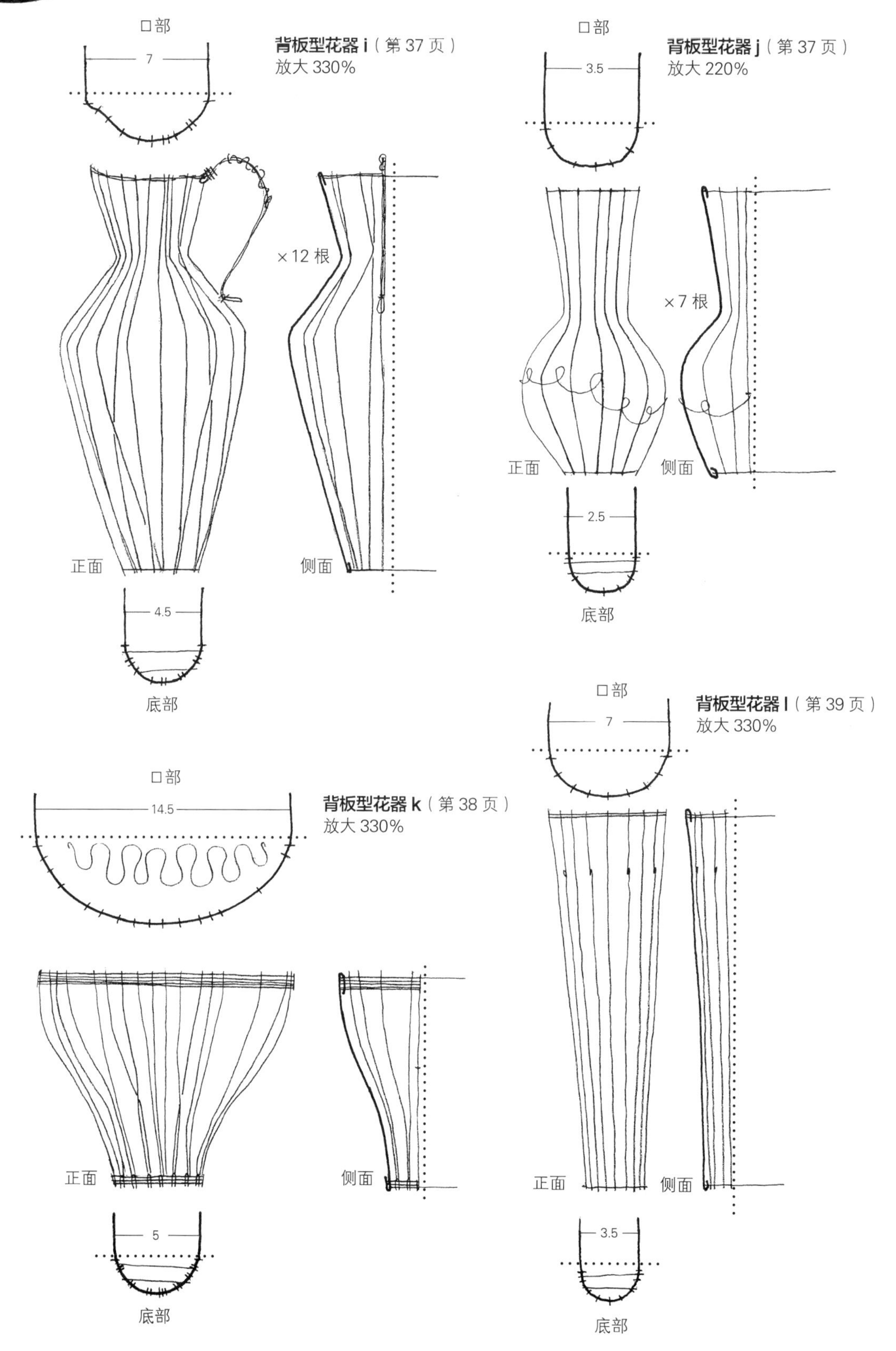

**背板型花器 n**（第 40 页）
放大 330%

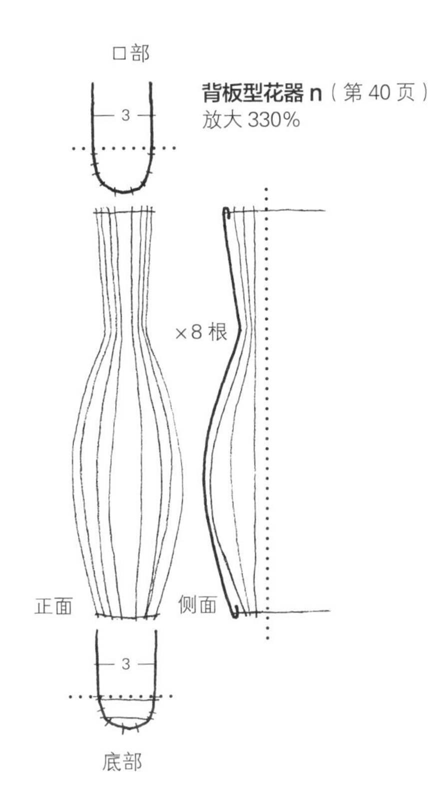


**背板型花器 m**（第 39 页）
放大 220%

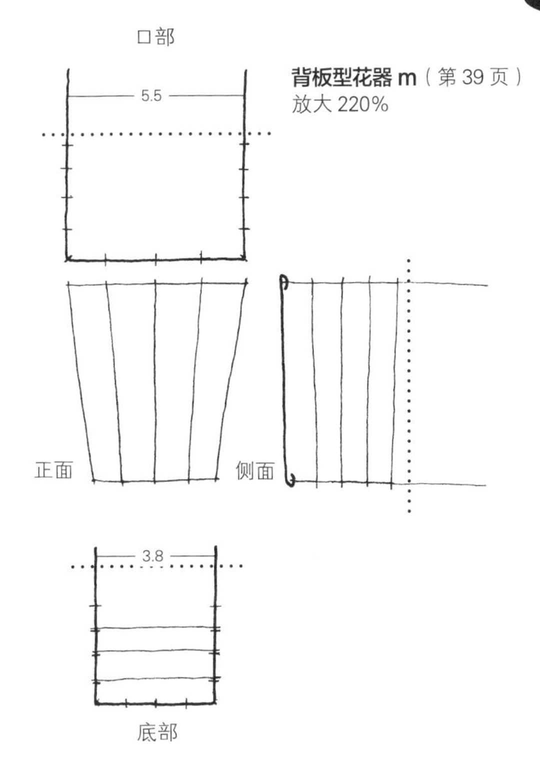


**单枝花的花器 a、b**（第 32、33 页）
放大 200%

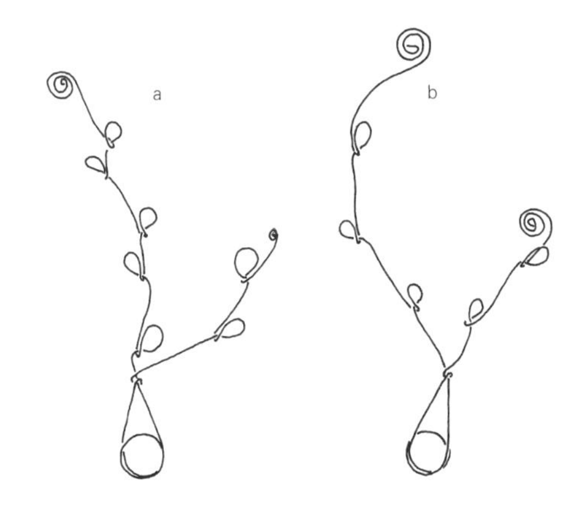


**画布型花器**（第 35 页）
放大 200%

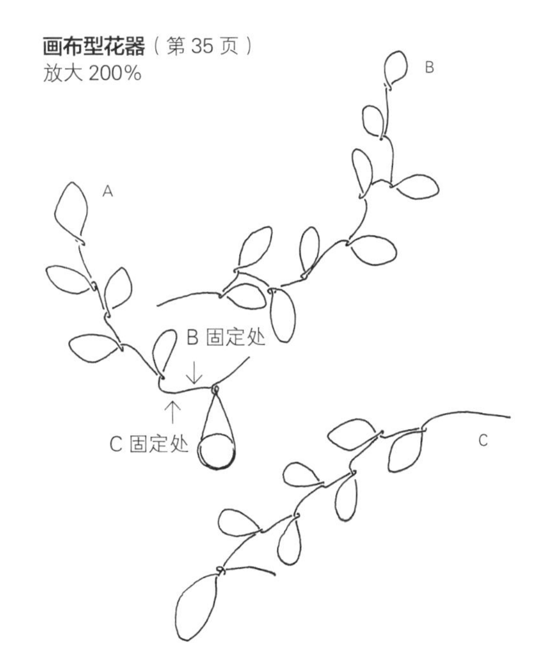

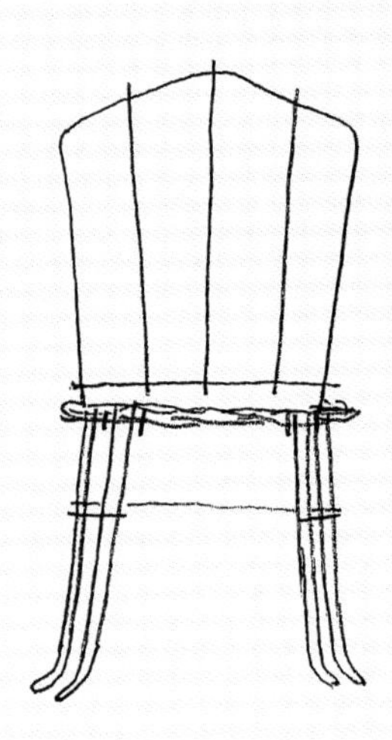

图书在版编目（CIP）数据

手作铁丝小花园：小而美的多肉微盆栽 /（日）奥田由味子著；沙子芳译. — 北京：北京联合出版公司, 2016.9
ISBN 978-7-5502-8178-3

Ⅰ. ①手… Ⅱ. ①奥… ②沙… Ⅲ. ①多浆植物－盆栽－观赏园艺 Ⅳ. ①S682.33

中国版本图书馆CIP数据核字(2016)第162122号

生活家

关注未读好书

手作铁丝小花园：小而美的多肉微盆栽

作　　者：〔日〕奥田由味子
译　　者：沙子芳
出 品 人：唐学雷
选题策划：联合天际
责任编辑：崔保华　刘　凯
特约编辑：刘　畅
装帧设计：裴雷思

日文版制作团队
发 行 人：大沼淳
策划广告：井上由季子
摄　　影：公文美和
书籍设计：柏木江里子
内文撰稿：赤泽 Kaori
花卉装饰：德市容子
图片提供：奥田由味子
制作人员：小松美帆

碗（第 20、22、23 页）、餐具（第 21 页）
maane 工房
地址：〒 602-8142 京都市上京
　　堀川通丸太町下ル下堀川町 154-1
电话（传真）：075-821-3477
网址：www.maane-moon.com

北京联合出版公司出版
（北京市西城区德外大街83号楼9层　100088）
北京联兴盛业印刷股份有限公司印刷　新华书店经销
字数20千字　787毫米 × 1092毫米　1/16　5.5印张
2016年9月第1版　2016年9月第1次印刷
ISBN 978-7-5502-8178-3
定价：48.00元

联合天际Club
官方直销平台